Christian Ossowski

# DIAGNOSE - Causal Extraction
## KolbenKult-Reihe, Band 1

### Abhandlung

FSC
www.fsc.org
MIX
Papier aus ver-
antwortungsvollen
Quellen
Paper from
responsible sources
FSC® C105338

Christian Ossowski

# DIAGNOSE - CAUSAL EXTRACTION
## DIE WISSENSCHAFTLICHE METHODIK
## TECHNISCHER DIFFERENZIALDIAGNOSTIK

Impressum

Bibliografische Information der Deutschen Nationalbibliothek: Die Deutsche Nationalbibliothek verzeichnet diese Publikation in der Deutschen Nationalbibliografie; detaillierte bibliografische Daten sind im Internet über http://dnb.dnb.de abrufbar.



Verlag: BoD · Books on Demand GmbH, Überseering 33, 22297 Hamburg, bod@bod.de

Druck: Libri Plureos GmbH, Friedensallee 273, 22763 Hamburg

ISBN: 978-3-8192-8069-6

# Rechtliche Nutzungserklärung zur Methode „Causal Extraction (CE)"

**Autor und Rechteinhaber: Christian Ossowski**
Stand: 2025

## 1. Urheberschaft und Schutzgegenstand

Die unter dem Begriff *Causal Extraction (CE)* beschriebene Methodik, einschließlich aller systematischen Strukturen, Begriffsprägungen, Texte, Abbildungen, Tabellen, Diagnoseschemata, Illustrationen, Checklisten sowie aller daraus entwickelten Lehr-, Schulungs- oder Trainingsformate, ist geistiges Eigentum des Autors **Christian Ossowski**, Rödinghausen.
CE stellt eine **eigenständige, wissenschaftlich fundierte Diagnosemethode** dar, die urheberrechtlich geschützt ist (§§ 1, 2, 15, 69a UrhG) und als Diagnosearchitektur eine eigenwertige geistige Schöpfung im Sinne des deutschen Urheberrechts darstellt.

## 2. Kommerzielle Nutzung - Genehmigungspflicht und Lizenzvorbehalt

Jegliche kommerzielle Nutzung von CE ist **ausdrücklich genehmigungspflichtig**. Dies betrifft insbesondere:

- den Einsatz der CE-Methodik in **Bildungseinrichtungen, Schulungszentren, Akademien und Prüfungsformaten**,

- die **Verwendung in Unternehmen**, Werkstätten, OEM-Schulungen, Sachverständigenorganisationen, Beratungsformaten oder Softwaretools,

- die **Veröffentlichung von Inhalten, Grafiken oder didaktischen Ableitungen** aus CE, ganz oder in Teilen,

- sowie die Integration der Methode in **digitale Formate, eLearning-Plattformen, kommerzielle Trainingssysteme oder Print- und Online-Publikationen**.

**Ohne schriftliche Lizenzvereinbarung ist jede dieser Nutzungen untersagt.** Die bloße Namensnennung oder Quellangabe genügt nicht. Es gilt das ausdrückliche Zustimmungserfordernis nach § 31 Abs. 1 UrhG.

## 3. Lizenzmodelle und Verwertung

Für Bildungsträger, OEMs, Gutachter, Trainer, Verlage oder Beratungsfirmen bietet der Rechteinhaber **lizenzpflichtige Nutzungsmöglichkeiten** an, darunter:

- **CE-Einzellizenz** für Nutzung im Unterricht oder Training

- **CE-Trainerlizenz** mit optionaler Prüfungsbefähigung

- **CE-Organisationslizenz** für systemweite Anwendung

- **CE-Publikations- und Drucklizenz** für Nachdruck, Übersetzung
  oder Weiterverbreitung

- **CE-Markenlizenz** für Verwendung in eigenen Softwarelösungen,
  eLearning-Kursen oder kommerziellen Angeboten

Alle Lizenzbedingungen (inkl. Preis, Dauer, Umfang) werden **individuell
vertraglich geregelt.**

## 4. Rechtsfolgen bei unerlaubter Nutzung

Jede unerlaubte Nutzung, Vervielfältigung oder wirtschaftliche Verwertung
von CE – ganz oder in Teilen – stellt eine **Urheberrechtsverletzung** nach §
97 UrhG dar und kann zivil- und strafrechtlich verfolgt werden. Der Rechteinhaber behält sich insbesondere vor:

- **Unterlassungsansprüche** geltend zu machen (§ 100 UrhG),

- **Schadensersatzforderungen** durchzusetzen (§ 97 Abs. 2 UrhG),

- die rechtswidrige Nutzung abzumahnen und gerichtliche Schritte
  einzuleiten.

## 5. Kontakt und Lizenzanfragen

Alle Anfragen zur Nutzung, Lizenzierung oder Kooperation sind ausschließlich an den Rechteinhaber zu richten:

**Christian Ossowski**
KolbenKult – Diagnostics
32289 Rödinghausen
c.ossowski.kolbenkult@gmail.com
www.kolbenkult.de

# Inhaltsverzeichnis


Kapitel 1 - Warum Causal Extraction nötig ist ........................................... 3

Kapitel 2 - Causal Extraction: Herkunft, Systemposition und wissenschaftliche Grundlage ........................................... 5

2.1 Herkunft und Entstehung von CE ........................................... 5

2.2 CE im Vergleich zu klassischen Denkmodellen - Struktur, Herkunft und Überwindung ........................................... 6

2.2.1 Erkenntnistheoretische Herkunft und strukturelle Integration ...... 7

2.2.2 Falsifikation - Der Prüfstein wissenschaftlicher Aussagekraft ....... 9

2.2.3 Induktion - Das trügerische Muster ...........................................11

2.2.4 Deduktion - Das Gerüst, aber nicht die Wahrheit .....................13

2.2.5 Statistik - Die große Täuschung der Korrelation.........................15

2.2.6 Differenzmethode - John Stuart Mill und das Ausschlussraster....18

2.2.7 Ausschlusslogik - Francis Bacons tabellarische Revolution.........20

2.2.8 Kapazität statt Korrelation - Nancy Cartwrights Kritik an statistischem Denken ...........................................22

2.3 Causal Extraction - Die Definition ...........................................24

Kapitel 3 Die Technikvariante der Differenzialdiagnose...........................27

3.1 Ursprung in der Differenzialdiagnostik ...........................................27

3.2 Verknüpfung mit technischer Systemlogik ...................................28

3.3 Wissenschaftstheoretische Einordnung...........................................30

3.3.1 Der kritische Rationalismus - CE als angewandte Irrtumsarchitektur...........................................30

3.3.2 Der logische Empirismus - CE als Wirklichkeitsfilter ...................31

3.3.3 Der kausale Realismus - CE als Mechanismusdetektor...............32

3.3.4 Der methodische Kern - CE als Forschungsprogramm ...............33

3.4 Erkenntnistheoretische Konsequenz ...........................................34

Kapitel 4 - Die methodischen Leitlinien von CE ...................................37

4.1 Struktur und Charakter der CE-Leitlinien ........................................... 37

4.2 Symptome erfassen - ohne Vorausdeutung ..................................... 38

4.3 Werkstattdialektik - Jeder Kunde lügt ............................................... 40

4.4 Hypothesenbildung - systemisch, nicht spekulativ ....................... 42

4.5 Provokation - Reaktion ist Beweis ..................................................... 44

4.6 Die kleinen Hinweise - Spurensicherung auf technischer Ebene ..... 46

4.7 Validierung - wenn möglich, beweis es ............................................ 48

Kapitel 5 - Beweis durch Anwendung: Technische Fallanalysen mit Causal Extraction ............................................................................................ 51

5.1 Warum Fallbeispiele nötig sind ......................................................... 51

5.2 Methodisches Raster der CE-Fallanalyse ......................................... 52

Kapitel 6 - Grenzen der Wahrheit: Was CE kann. Und was nicht. ............. 55

6.1 Methodische Grenzen ......................................................................... 55

6.2 Systemzugang und physikalische Durchführbarkeit ....................... 56

6.3 Menschliche Faktoren und Denkfehler ............................................. 57

6.4 Risiko der Scheindiagnostik trotz Methode ..................................... 58

6.5 Verantwortung heißt: Nicht lügen, auch nicht durch Weglassen ..... 60

Kapitel 7 - Causal Extraction weitergedacht: Anwendung, Lehre, Strukturwandel ......................................................................................... 63

7.1 CE als Denkmodell - jenseits der Werkbank ................................... 63

7.2 CE unterrichten - aber richtig ........................................................... 65

7.4 CE in Forschung, Normierung und Systementwicklung ................. 67

7.5 Weiterdenken statt dogmatisieren - CE als lernfähiges System ..... 70

8. Anhang ..................................................................................................... 73

Literaturverzeichnis ................................................................................ 73

Normenverzeichnis .................................................................................. 76

Abkürzungsverzeichnis ........................................................................... 77

Glossar ...................................................................................................... 79

# Kapitel 1 - Warum Causal Extraction nötig ist

Fehlerspeicher sind keine Richter. Sie sind Zeugen. Und manchmal lügen sie.

In der modernen Technikdiagnostik herrscht eine gefährliche Verwechslung: Symptome werden mit Ursachen gleichgesetzt. Statt echte Beweise zu sammeln, stützen sich Werkstätten, OEMs und Prüfer auf blinkende Codes, statistische Mutmaßungen oder Teiletausch auf Verdacht. So entsteht ein Ratespiel mit Folgeschäden aber keine Diagnose.

Causal Extraction (CE) ist die methodische Antwort auf dieses systemische Versagen. Sie ist kein Tool. Keine App. Kein Add-on. Es ist ein Denksystem und eine differenzialdiagnostische Methode, die Ursache und Wirkung in ihrer realen, physikalischen Kette sichtbar macht und beweisbar macht.

CE operiert dort, wo andere Verfahren kapitulieren: Wenn Symptome diffus sind. Wenn die Sensorik manipulativ wirkt. Wenn Logik durch Statistik ersetzt wird. Sie liefert Beweise und Ursachenketten. Und sie zwingt jede Hypothese unter realen Bedingungen zur Rechenschaft.

Dieses Werk begründet CE als wissenschaftlich belastbare Methodik und es zeigt, wie man Symptome in konkurrierende Hypothesen überführt, wie man Provokation als Prüfwerkzeug einsetzt, wie man logische Klarheit mit empirischer Härte verbindet. Es beschreibt ein Verfahren, das Denkfehler systematisch minimiert und echte Ursachen sichtbar macht jedoch nicht zufällig, sondern reproduzierbar.

CE ist nicht bequem. Aber es ist präzise und es funktioniert. Weil jeder Fehler eine Ursache hat und jede Ursache beweisbar ist. Wenn man weiß, wie.

Wer mit CE arbeitet, lernt nicht eine neue Version alter Technik. Sondern eine neue Denkarchitektur: systemisch, logisch, unbestechlich. Es geht nicht um methodisch geprüfte Wahrheit. Für alle, die Technik nicht glauben, sondern verstehen wollen.

# Kapitel 2 - Causal Extraction: Herkunft, Systemposition und wissenschaftliche Grundlage

Diagnose ist keine Softwarefunktion. Sie ist ein kognitiver Prozess. Er ist präzise, widerspruchsfrei und strukturiert. Doch die gängigen Verfahren der technischen Fehleranalyse agieren oft wie ein schlecht abgestimmtes Orchester: mal dominiert die Statistik, mal die Erfahrung, mal die Regelvermutung. Doch selten entsteht aus diesen Einzelstimmen ein harmonischer Klang. Causal Extraction (CE) ist der Versuch, aus diesen disparaten Elementen eine diagnostische Komposition zu formen, nämlich mit Struktur, Dynamik und Zielrichtung.

Ein Systemfehler ist kein Geräusch. Er ist ein Muster. Und wer ihn verstehen will, darf nicht nur den lautesten Ton hören, sondern muss das Zusammenspiel aller Komponenten erkennen. CE liefert dafür die Partitur.

## 2.1 Herkunft und Entstehung von CE

Die Methode entstand dort, wo Technik real scheitert: in der Praxis.

Im Werkstattalltag zeigte sich immer wieder, dass selbst erfahrene Techniker Fehler zwar beheben konnten, aber nicht benennen. Ursachen blieben unentdeckt, weil kein systemisches Verfahren existierte, das über Symptome und Wahrscheinlichkeiten hinausging.

Die besten Diagnostiker arbeiteten längst differenzialdiagnostisch. Sie stellten Hypothesen auf, prüften sie unter Last, provozierten Reaktionen, aber sie hatten keinen Begriff für das, was sie taten. Es gab kein Vokabular für diese Leistung.

Causal Extraction wurde eingeführt, um diese kognitive Leistung sichtbar zu machen. Der Begriff benennt erstmals, was in der Praxis längst geschieht und verleiht dieser Methode die nötige wissenschaftliche Schärfe, um sie publizierbar, lehrbar und standardisierbar zu machen.

Die Einführung des Begriffs war keine sprachliche Kosmetik, sondern eine methodische Notwendigkeit. Denn wer eine Methode erklären, prüfen und lehren will, muss sie zuerst benennen.

## 2.2 CE im Vergleich zu klassischen Denkmodellen - Struktur, Herkunft und Überwindung

Causal Extraction ist ein eigenständiges, strukturiertes Verfahren. Entwickelt aus der Praxis, aber es ist wissenschaftlich verankert. Es integriert zentrale erkenntnistheoretische Modelle, überführt sie in testbare Logik und überwindet dabei ihre jeweiligen Schwächen. Was als Theorie begann, wird zur Diagnosearchitektur.

**Vergleich klassischer Denkmodelle und Causal Extraction (CE)**

| *Denkmodell* | *Ziel* | *Grenze / Kritikpunkt* | *CE-Erweiterung* |
|---|---|---|---|
| *Falsifikation (Popper)* | Hypothesenprüfung | Liefert nur Widerlegung, keine positive Kausalität | CE fordert zusätzlich den Nachweis kausaler Wirkung [1] |
| *Induktion (Hume)* | Von Einzelfällen auf Regeln schließen | Anfällig für Fehlschlüsse, keine logische Sicherheit | CE nutzt Induktion nur als Hypothesenstart, nicht als Beweis [2] |
| *Deduktion (Aristoteles)* | Vom Allgemeinen aufs Besondere | Fehlerhafte Prämissen führen zu falschen Schlüssen | CE koppelt Deduktion mit realen Belastungstests [1] |
| *Statistik (Cartwright/Fisher)* | Wahrscheinlichkeiten schätzen | Korrelation statt Kausalität, keine logischen Pfade | CE verlangt explizite, kausal verknüpfte Wirkungsketten [3][4] |
| *Differenz (Mill)* | Vergleich von Fällen | Liefert nur Verdachtsmomente | CE prüft Differenzen unter gezielter Belastung [5] |
| *Ausschluss (Bacon)* | Eliminieren durch strukturierte Tests | Kein direkter Kausalitätsbeweis | CE kombiniert Ausschlusslogik mit Provokation und Validierung [6][1] |

## 2.2.1 Erkenntnistheoretische Herkunft und strukturelle Integration

Causal Extraction (CE) wurzelt nicht in einem einheitlichen Lehrgebäude, sondern in einem erkenntnistheoretischen Konfliktfeld: Wahrheit versus Wahrscheinlichkeit, Mechanismus versus Statistik, Ursache versus Induktion. Es verarbeitet die schärfsten Positionen dieser Auseinandersetzung und zwingt sie in ein methodisch anwendbares Format.

- **David Hume** zeigte, dass Induktion keinen logischen Beweis liefert - nur Wiederholung. CE akzeptiert diese Kritik und nutzt Induktion ausschließlich zur Hypotheseneröffnung, niemals zur Begründung[1].

- **Karl Popper** forderte die prinzipielle Falsifizierbarkeit jeder wissenschaftlichen Aussage. CE übernimmt dieses Kriterium. Er ergänzt es aber um eine zweite Stufe: die Verifikation im realen System[2].

- **Francis Bacon** etablierte die Ausschlusslogik. CE übernimmt dieses Prinzip. Doch zwingt es unter realer Last, nicht im Gedankenspiel[6].

- **John Stuart Mill** formulierte mit der Differenzmethode ein strukturiertes Raster zur Ursachenvermutung. CE nutzt diese Logik zur Hypothesenpriorisierung. Es ersetzt aber den Verdacht durch gezielte Provokation[5].

- **Nancy Cartwright** kritisierte die Blindheit statistischer Verfahren gegenüber realen Wirkmechanismen. CE folgt ihr konsequent: Kein Bauteil wird zur Ursache erklärt, ohne provozierbare Reaktion[3].

Diese Konzepte stehen sind in CE strukturell verschaltet. Jede Hypothese muss:

- logisch aus dem Systemverhalten ableitbar sein,

- gezielt provozierbar sein,

- unter realer Last Wirkung zeigen oder scheitern,

- und dokumentiert validierbar bleiben.

So entsteht ein Diagnoserahmen, der zwischen Erfahrungswissen, Wahrscheinlichkeitsannahme und beweisbarer Ursache unterscheidet und dennoch praxistauglich bleibt.

**Folgerung:** CE ist keine Summe historischer Positionen, sondern deren Überführung in ein belastbares, technisches Urteilssystem und es ersetzt Theorie durch Realität und macht Wahrheit prüfbar.

[1] Hume, D. (1748): *Eine Untersuchung über den menschlichen Verstand*, Abschnitt IV.
[2] Popper, K. (1959): *Die Logik der wissenschaftlichen Entdeckung*. Routledge.
[3] Cartwright, N. (1989): *Nature's Capacities and Their Measurement*. Clarendon Press.
[4] Pearl, J. (2009): *Causality: Models, Reasoning and Inference*. Cambridge University Press.
[5] Mill, J. S. (1843): *A System of Logic*. London.
[6] Bacon, F. (1620): *Novum Organum*. London.

## 2.2.2 Falsifikation - Der Prüfstein wissenschaftlicher Aussagekraft

## Herkunft und Denkweise

Karl Popper (1902-1994) revolutionierte mit seinem Hauptwerk *Logik der Forschung* (1935) die Wissenschaftstheorie, indem er das Prinzip der Falsifizierbarkeit als zentrales Kriterium wissenschaftlicher Aussagen etablierte. Popper wandte sich explizit gegen den Induktivismus, der aus der wiederholten Beobachtung einzelner Fälle allgemeine Gesetze ableiten wollte (z. B. „Alle Schwäne, die ich sah, waren weiß"). Er zeigte: Ein einziges Gegenbeispiel, etwa ein schwarzer Schwan genügt, um ein vermeintliches Gesetz zu Fall zu bringen[1].

Popper machte klar: Wissenschaftliche Erkenntnis entsteht nicht durch die Bestätigung von Hypothesen, sondern durch den Versuch, sie zu widerlegen. Hypothesen sind nur dann wissenschaftlich, wenn sie prinzipiell falsifizierbar sind, also durch ein Experiment oder eine Beobachtung widerlegt werden könnten. Theorien, die sich jeder Widerlegung entziehen, sind für Popper keine Wissenschaft, sondern Dogmatik[2].

Methodischer Kern

Falsifikation ist kein destruktiver Akt. Sie ist ein methodisches Angebot zur Wahrheitsfindung: Eine Theorie ist nur dann bedeutungsvoll, wenn sie ein Risiko eingeht, falsch zu sein. Wissenschaft, so Popper, schreitet nicht durch Bestätigung voran, sondern durch den aktiven Versuch der Widerlegung[3].

Übertragen auf die technische Diagnose heißt das: Eine Aussage über eine Ursache ist nur dann haltbar, wenn sie gezielt provoziert und unter realen Bedingungen widerlegt werden kann. Hypothesen, die sich diesem Test entziehen, sind Vermutungen und *keine* Ursachen.

CE-Relevanz

Causal Extraction (CE) übernimmt das Falsifikationsprinzip als methodische Pflicht. Jede CE-Hypothese muss:

- logisch aus dem Systemverhalten ableitbar sein,

- durch gezielte Provokation testbar sein,

- unter realer Last entweder einen eindeutigen Effekt erzeugen oder widerlegt werden.

Doch CE geht weiter: Eine Hypothese, die Falsifikationsversuche übersteht, ist noch kein Beweis. Erst wenn sie sich systemisch reproduzierbar in die Wirkungskette einfügt, wird sie als extrahierte Ursache akzeptiert. CE koppelt also Popper mit Praxis und ersetzt abstrakte Gültigkeit durch kausale Reaktion.

## Gegenüberstellung: Popper vs. Causal Extraction (CE)

| Element | Popper | CE (Causal Extraction) |
| --- | --- | --- |
| **Ziel** | Ausschluss des Falschen | Nachweis des Wahren |
| **Methode** | Falsifizierbarkeit als Kriterium | Falsifikation plus Verifikation |
| **Prüfmechanismus** | Gedankenexperiment, logischer Test | Physikalische Provokation und Systemreaktion |
| **Bewertung** | Theorie überlebt Test → vorläufig akzeptiert | Hypothese überlebt Test → Beweis erforderlich |
| **Anwendung** | Abstrakt (Erkenntnistheorie) | Konkret (Diagnoselogik, Werkstattrealität) |

Poppers Leistung war die erkenntnistheoretische Abrüstung falscher Sicherheit. CE übernimmt diese Haltung, aber zwingt sie in reale Testumgebungen. Aus dem Prüfstein der Theorie wird eine Diagnosearchitektur. In CE wird jede Hypothese methodisch zum Gegner und nur wer nicht fällt, kann Ursache sein.

---

[1] *Popper, Karl: Die Logik der Forschung. Tübingen: Mohr Siebeck, 1959 (Originalausgabe: 1935).*
[2] *getAbstract: Zusammenfassung zu Logik der Forschung (Abruf 2024).*
[3] *Philosophie Magazin: Poppers vergiftetes Erbe. In: Ausgabe 02/2021, S. 34-37.*
*Weitere Referenzen:*
*De Gruyter (Hrsg.): Logik der Forschung (Studienausgabe, PDF-Version).*
*Wikipedia: Artikel Logik der Forschung (letzter Zugriff 2024-05-20).*

### 2.2.3 Induktion - Das trügerische Muster
### Herkunft und Denkweise

David Hume (1711-1776) gilt als einer der radikalsten Kritiker des induktiven Denkens. In *A Treatise of Human Nature* (1739) und *An Enquiry Concerning Human Understanding* (1748) analysierte er die Grundlagen menschlicher Erkenntnis. Seine zentrale These: Es gibt keine logische Notwendigkeit, aus der wiederholten Beobachtung eines Ereignisses auf ein allgemeines Gesetz zu schließen[1].

Sein berühmtestes Beispiel: Dass die Sonne gestern und vorgestern aufgegangen ist, beweist nicht, dass sie morgen wieder aufgehen wird. Der Glaube daran entspringt Gewohnheit und nicht logik. Für Hume ist Induktion ein nützliches Werkzeug, aber letztlich unbegründet: ein psychologischer Automatismus, kein epistemisches Fundament[2].

Methodischer Kern

Induktives Denken abstrahiert Regelmäßigkeiten aus Einzelfällen. Es bildet die Grundlage für Statistik, Erfahrungswissen und Alltagsroutinen und hat enorme praktische Bedeutung:

Stärken:
- Ermöglicht schnelle Orientierung in komplexen Situationen
- Liefert Hypothesen für systematische Prüfungen
- Ist Grundlage für viele technische Innovationen

Schwächen:
- Korrelation wird mit Kausalität verwechselt
- Wiederholung ersetzt keinen Beweis
- Führt oft zu Fehlschlüssen wie: "Nach dem Ereignis, also wegen des Ereignisses"

Gerade in der Technikdiagnostik kann Induktion gefährlich werden: Nur weil bei einem bestimmten Fehlerbild in der Vergangenheit häufig Bauteil X defekt war, bedeutet das nicht, dass dies auch jetzt die Ursache ist[3].

CE-Relevanz

Causal Extraction (CE) erkennt die Nützlichkeit induktiver Muster lehnt sie jedoch als Beweisgrundlage strikt ab. Induktion darf Hinweise liefern, aber nie den Schuldigen bestimmen. CE verlangt:
- Logische Ableitbarkeit aus dem Systemverhalten
- Gezielte Provokation zur Reaktionserzeugung
- Empirische Verifikation unter realen Bedingungen

Nur Hypothesen, die diesen dreifachen Test bestehen, gelten im CE-Kontext als Ursachen. Alles andere bleibt Verdacht. CE schützt damit vor der Selbsttäuschung durch Erfahrung und verhindert, dass Wahrscheinlichkeit mit Wahrheit verwechselt wird.

Folgerung:

Hume zeigte, dass Induktion keinen Beweis liefert ausser Annahmen. CE übernimmt diese Skepsis und operationalisiert sie: Induktion darf Fragen stellen. Aber nur der experimentelle Nachweis beantwortet sie.

---

[1] *Hume, D. (1748): Eine Untersuchung über den menschlichen Verstand, Abschnitt IV.*
[2] *Hume, D. (1739): Eine Abhandlung über die menschliche Natur.*
[3] *Mayo, D. G. (2018): Statistische Inferenz als strenge Prüfung. Cambridge University Press.*
*Weitere Referenzen:*
*Popper, K. (1959): Die Logik der wissenschaftlichen Entdeckung. Routledge.*
*Cartwright, N. (1989): Nature's Capacities and Their Measurement. Clarendon Press.*
*Pearl, J. (2009): Causality: Models, Reasoning and Inference. Cambridge University Press.*
*Stanford Encyclopedia of Philosophy: Artikel Problem of Induction (Zugriff 2024).*

## 2.2.4 Deduktion - Das Gerüst, aber nicht die Wahrheit

Herkunft und Denkweise

Die deduktive Logik wurde erstmals systematisch durch Aristoteles (384-322 v. Chr.) in den Analytica Priora formuliert. Sie erlaubt, aus allgemeinen Regeln auf Einzelfälle zu schließen. Das klassische Beispiel: „Alle Menschen sind sterblich. Sokrates ist ein Mensch. Also ist Sokrates sterblich."

Diese Schlussform ist formal zwingend - wenn die Prämissen stimmen. René Descartes (1596-1650) forderte methodische Klarheit in der Ableitung. Immanuel Kant (1724-1804) unterschied zwischen analytischen (logisch ableitbaren) und synthetischen (empirisch prüfbaren) Urteilen. Gemeinsam legten sie den Grundstein für eine Wissenschaft, die aus Prinzipien heraus denkt und nicht nur beobachtet[123].

Methodischer Kern

Deduktion ist präzise, aber nur so gut wie ihre Voraussetzungen. Wenn das zugrunde liegende Modell fehlerhaft ist, führt selbst ein logisch einwandfreier Schluss ins Leere.

Stärken:

- Ermöglicht klare Ableitung aus bekannten Systemgesetzen

- Bildet das Fundament für Modellbildung, Simulation und Regelprüfung

- Ist unverzichtbar für technische Analyse und Strukturdenken

Schwächen:

- Falsche Prämissen liefern formal richtige, aber praktisch falsche Schlüsse[4]

- In der Technik: Wenn Systemmodelle lückenhaft sind, bleibt jede Diagnose spekulativ

- Deduktion ersetzt keine Prüfung. Sie erzeugt Erwartung, keinen Nachweis

**Beispiel:** Ein Steuerungsmodell schließt ein bestimmtes Fehlerbild aus. Doch der Fehler tritt trotzdem auf, logisch korrekt gedacht, praktisch unbrauchbar.

CE-Relevanz

Causal Extraction (CE) nutzt deduktive Logik aktiv jedoch nicht blind. In CE entstehen Hypothesen aus bekannten Systemreaktionen. Doch jede dieser Hypothesen muss provozierbar sein. CE prüft:

- Führt die deduktive Hypothese unter realen Bedingungen zur erwarteten Reaktion?

- Bleibt die Reaktion aus, war die Logik zwar sauber, aber ohne Systembezug.

**CE-Prinzip:** Deduktion darf starten, aber niemals beenden. Erst die Rückkopplung mit der Realität entscheidet. So wird aus Logik Wahrheit. Oder eben nicht.

Popper nannte das den „kritischen Rationalismus": Nur was sich in der Realität bewährt, hat Gültigkeit[5].

Folgerung:

Deduktion liefert Struktur. CE liefert Kontrolle. Erst beides zusammen verhindert logische Selbsttäuschung und ermöglicht Diagnose mit Anspruch auf Beweis.

---


[1] *Aristoteles: Analytica Priora (um 350 v. Chr.).*
[2] *Descartes, R. (1637): Discours de la méthode. Amsterdam.*
[3] *Kant, I. (1781): Kritik der reinen Vernunft. Berlin.*
[4] *Hintikka, J. (1999): Aristotle's Syllogistic. Routledge.*
[5] *Popper, K. (1959): Die Logik der wissenschaftlichen Entdeckung. Tübingen: Mohr Siebeck.*
*Weitere Referenzen:*
*Pearl, J. (2009): Causality: Models, Reasoning and Inference. Cambridge University Press.*
*Mayo, D. G. (2018): Statistical Inference as Severe Testing. Cambridge University Press. Stanford Encyclopedia of Philosophy: Artikel Deductive and Inductive Arguments (Zugriff: 2024-05-21).*


### 2.2.5 Statistik - Die große Täuschung der Korrelation

Herkunft und Denkweise

Die Statistik entwickelte sich ab dem 18. Jahrhundert zu einer der einflussreichsten Methoden moderner Wissenschaft. Jakob Bernoulli (*Ars Conjectandi*, 1713) und Pierre-Simon Laplace (*Théorie analytique des probabilités*, 1812) legten die mathematischen Grundlagen der Wahrscheinlichkeitstheorie. Im 20. Jahrhundert prägte Ronald A. Fisher mit

Verfahren wie der Varianzanalyse und dem Signifikanztest das heutige Standardrepertoire quantitativer Forschung[123].

Statistik wurde damit zum zentralen Instrument der Qualitätskontrolle, Fehlerverteilung und Risikoeinschätzung technischer Systeme. Sie erlaubt es, aus großen Datenmengen Muster und Wahrscheinlichkeiten abzuleiten - etwa die mittlere Ausfallrate eines Bauteils oder die Fehlerverteilung bei Serienproduktion.

Doch Statistik hat eine harte Grenze: Sie beschreibt, aber erklärt nicht. Nancy Cartwright kritisierte in *Nature's Capacities and Their Measurement* (1989) die Verwechslung von Regelmäßigkeit mit Ursache. Ihr Diktum: „Wahrscheinlichkeiten tun nichts - nur Wirkmechanismen wirken."[4]


Methodischer Kern

Statistik erkennt Häufigkeiten - keine Ursachen. Sie quantifiziert Zusammenhänge, aber nicht deren Richtung.

Stärken:

- Liefert objektive Wahrscheinlichkeiten

- Unverzichtbar für Qualitätsmanagement und Trendanalyse

- Ermöglicht Hypothesenbildung auf Basis großer Datenmengen

Schwächen:

- Verwechselt Korrelation oft mit Kausalität

- Bleibt blind für Wirkmechanismen und Rückkopplungen

- Seltene, aber entscheidende Auslöser können übersehen werden

**Beispiel:** Wenn bei 80 % aller Ausfälle Bauteil A betroffen ist, liefert das einen Hinweis, aber keinen Beweis. Möglicherweise ist A nur Mitläufer oder Opfer eines anderen Defekts.

Judea Pearl und Nancy Cartwright fordern deshalb: Statistik muss mit Kausaltheorie verbunden werden[45].

CE-Relevanz

Das Model nutzt Statistik als Verdachtsmoment. Es darf aber niemals als Diagnosebeweis dienen.

Im CE-Prozess:

- Liefert Statistik Anlass zur Hypothesenbildung

- Wird jede auffällige Komponente gezielt provoziert

- Zählt nur das, was unter realer Belastung kausal wirkt

**CE-Prinzip:** Korrelation darf flüstern, sollte aber keinesfalls diktieren. Nur was wirkt, ist wirklich Ursache.

Statistik beschreibt. CE beweist.

Folgerung:

Statistik ist mächtig, aber gefährlich, wenn sie zur Ursache erklärt wird. CE trennt strikt zwischen Häufigkeit und Wirkung. Was nur oft passiert, ist nicht automatisch verantwortlich. Nur wer die Wirkung provozieren kann, darf von Ursache sprechen.

---


[1] *Bernoulli, J. (1713): Ars Conjectandi. Basel.*
[2] *Laplace, P.-S. (1812): Théorie analytique des probabilités. Paris.*
[3] *Fisher, R. A. (1925): Statistical Methods for Research Workers. Edinburgh: Oliver & Boyd.*
[4] *Cartwright, N. (1989): Nature's Capacities and Their Measurement. Oxford: Clarendon Press.*
[5] *Pearl, J. (2009): Causality: Models, Reasoning and Inference. Cambridge University Press.*
*Weitere Referenzen:*
*Mayo, D. G. (2018): Statistical Inference as Severe Testing. Cambridge University Press.*
*Stigler, S. M. (1986): The History of Statistics. Harvard University Press.*
*Greenland, S. et al. (1999): Causal diagrams for epidemiologic research. Epidemiology, 10(1), 37-48.*

## 2.2.6 Differenzmethode - John Stuart Mill und das Ausschlussraster

Herkunft und Denkweise

John Stuart Mill (1806-1873) formulierte in *A System of Logic* (1843) mehrere methodische Prinzipien zur Ursachenanalyse. Die bekannteste: die Methode der Differenz. Ihr Kern: Wenn zwei Fälle in allen relevanten Aspekten gleich sind, sich aber in einem Punkt unterscheiden und nur einer das untersuchte Phänomen zeigt, dann ist dieser Unterschied verdächtig[1].

Mill war kein Theoretiker der Wahrheit, sondern ein Praktiker der Struktur. Seine Methode war ein Werkzeug zur Isolierung relevanter Einflussgrößen in komplexen Systemen. Bis heute ist sie ein Grundelement der Differenzialdiagnostik in Technik, Medizin und Sozialwissenschaft.


Methodischer Kern

Die Differenzmethode funktioniert nach dem Prinzip der kontrollierten Abweichung:

- Zwei möglichst identische Vergleichsfälle

- Ein relevanter Unterschied

- Nur einer zeigt das Phänomen

Mill formuliert es so: „Wenn zwei Fälle sich nur in einem Umstand unterscheiden, und das Phänomen nur im einen Fall auftritt, dann ist dieser Umstand entweder die Ursache oder ein notwendiger Teil der Ursache."[2]

Die Methode liefert keine Erklärung, aber eine Eingrenzung. Sie identifiziert, was verdächtig ist. Mehr nicht.

Stärken:

- Klar strukturierter Zugang zu Mehrdeutigkeiten

- Besonders geeignet bei experimentell kontrollierbaren Parametern

Schwächen:

- Stark vereinfachende Voraussetzung („alles andere gleich")

- Nicht geeignet bei vielen unbekannten oder wechselwirkenden Variablen

- Produziert Verdachtsmomente jedoch keine Beweise

Mill selbst warnte: Die Methode reduziert Realität auf ein kontrollierbares Raster. Und was dabei übrig bleibt, ist Hypothese.

CE-Relevanz

CE integriert Mills Methode als Strukturwerkzeug.
- Werden Unterschiede zwischen Systemzuständen (z. B. Baujahr, Sensorik, Verschleiß) systematisch verglichen
- Wird die verdächtige Variable aktiv provoziert
- Muss die erwartete Wirkung unter realen Bedingungen auftreten

Beispiel: Zwei baugleiche Anlagen. Eine startet sauber, eine stottert. Einziger Unterschied: Der Drucksensor wurde erneuert. CE provoziert den Sensor gezielt. Reagiert er, gilt er als Ursache. Reagiert er nicht, wird ausgeschlossen.

**CE-Prinzip**: Differenz liefert die Spur. CE liefert das Urteil.

Folgerung:

Mills Differenzmethode bietet Vergleichsstruktur. CE übernimmt diese Struktur, ergänzt sie um Provokation und Validierung. Erst wenn der Unterschied eine Wirkung erzeugt, wird er zur Ursache.

---


[1] *Mill, J. S. (1843): A System of Logic: Ratiocinative and Inductive. London.*
[2] *Zeno.org: Von den vier Methoden der experimentellen Forschung (Mill, Originaltext).*
*Weitere Referenzen:*
*Wikipedia: Artikel Vergleichende Methode (Abschnitt: Differenzmethode nach Mill).*
*Philosophie Blog: John Stuart Mill - Methoden der Ursachenermittlung.*
*Universität Wien: Masterarbeit zu Mill's Methodik (Abruf 2024).*
*Zhou, Y. et al. (2021): Comparative Case Analysis in Complex Systems Engineering. In: Systems Engineering, Vol. 24, Issue 4. DOI: 10.1002/sys.21512.*

## 2.2.7 Ausschlusslogik - Francis Bacons tabellarische Revolution

Herkunft und Denkweise

Francis Bacon (1561-1626) gilt als Mitbegründer der modernen empirischen Wissenschaft. In seinem Hauptwerk *Novum Organum* (1620) entwickelte er mit der *Tabula experimentorum* ein strukturiertes Verfahren zur Ursachenfindung durch methodisches Eliminieren falscher Annahmen[1].

Zentral war für Bacon die Befreiung des Denkens von Vorurteilen. In seiner sogenannten Idolenlehre (Aphorismen 38-68) klassifizierte er vier Denkfehlerquellen („Idole"): des Stammes, der Höhle, des Marktes und des Theaters. Nur wer diese erkennt und neutralisiert, kann objektiv forschen[2]. Seine Kritik an der scholastischen Autoritätslogik war scharf: Wahre Erkenntnis entsteht nicht durch Begründung, aber durch Ausschluss , Beobachtung und Prüfung.

Methodischer Kern

Die Ausschlusslogik fragt:

- Was bleibt übrig, wenn man das Unwahrscheinliche systematisch entfernt?

- Was überlebt den Test im Versuch?

Bacons Methode basiert auf:

- Vergleich strukturell ähnlicher Fälle mit gezielter Variation

- Dokumentierter Eliminierung von Hypothesen durch systematische Tests

- Dem Primat der Beobachtung über die Theorie

Erkenntnis entsteht also nicht durch Bestätigung, sondern durch Widerlegung. Die *Tabula experimentorum* war damit ein Vorläufer moderner Fehlermöglichkeitsanalysen (FMEA) und der methodischen Dokumentationspflicht[3].

CE-Relevanz

Causal Extraction (CE) übernimmt Bacons Ausschlussprinzip nicht als Denkfigur, aber als operativen Prüfmechanismus. In CE:

- Wird jede Hypothese nicht bestätigt, sondern provoziert

- Muss jede Alternative ausgeschlossen werden und nicht durch Meinung, sondern durch Reaktion

- Gilt nur als Ursache, was übrig bleibt, wenn alles andere unter Last scheitert

CE geht über Bacon hinaus:

- Belastungstests ersetzen Gedankenspiele

- Technische Reaktion ersetzt bloße Ableitung

- Systemantwort ersetzt Autoritätslogik

So wird aus Bacons Idee eine moderne, prüfbare Diagnosearchitektur.

Folgerung:

Bacons Ausschlusslogik liefert die methodische Grundlage für systematische Ursachenanalyse. CE macht daraus ein Testsystem: Jede Hypothese wird herausgefordert. Wer nicht fällt, bleibt. CE schützt damit vor Plausibilitätsdiagnosen und fordert für jede Ursache einen aktiven Beweis.

---


[1] *Bacon, F. (1620): Novum Organum. In: Instauratio Magna. London.*
[2] *Meiner Verlag (Hrsg.): Novum Organum. Lat.-dt. Ausgabe mit Kommentar, Hamburg 2021.*
[3] *Stigler, S. M. (2020): The Seven Pillars of Statistical Wisdom. Harvard University Press.*
*Weitere Referenzen:*
*Wikipedia: Artikel Novum Organum (Abschnitt: Idolenlehre, Zugriff: 2024).*
*Rhetos.de: Zusammenfassung Bacons empirische Methode.*
*Spektrum Lexikon Psychologie: Artikel Idolenlehre.*

*Hugendubel (Hrsg.): Novum Organum - Neuauflage mit Kommentar.*
*Burgin, M. (2021): Theory of Information and Logic of Scientific Discovery. Philosophia, 49(1), 57-73. DOI: 10.1007/s11406-021-00382-9.*

## 2.2.8 Kapazität statt Korrelation - Nancy Cartwrights Kritik an statistischem Denken

Herkunft und Denkweise

Nancy Cartwright (*1944) gehört zu den einflussreichsten Wissenschaftsphilosophinnen der Gegenwart. In *Nature's Capacities and Their Measurement* (1989) kritisierte sie grundlegend die Gleichsetzung von Korrelation mit Ursache. Ein Denkfehler, der bis heute in Statistik und empirischer Forschung verbreitet ist[1]. Ihr Kernargument:

Statistik zeigt Häufigkeit und nicht Wirkung. Ursachen erzeugen Wirkungen, nicht Wahrscheinlichkeiten.

Cartwrights Kapazitätsansatz stellt klar: Eine Entität ist nur dann eine Ursache, wenn sie über eine reale Fähigkeit („capacity") zur Wirkung verfügt, unabhängig von ihrer statistischen Sichtbarkeit. Diese Sichtweise hat die moderne Kausalitätsforschung tief geprägt, u. a. durch Judea Pearl[2] und die mechanistische Schule um Illari, Russo und Williamson[5].

Methodischer Kern

Kapazitätsdenken bedeutet:
- Ursachen werden durch ihre Fähigkeit zur Wirkung definiert und nicht durch ihre Häufigkeit

- Eine seltene Komponente kann die Ursache sein, wenn sie systemisch wirkt

- Eine häufig betroffene Komponente kann irrelevant sein, wenn sie keine Wirkung entfaltet

Unterschied zur Statistik:
- Statistik erkennt Regelmäßigkeiten

- Kapazitätsmodelle untersuchen, was wirkt und unabhängig von Wahrscheinlichkeiten

Cartwright fordert eine Wissenschaft, die den Mechanismus sichtbar macht und nicht nur das Muster[3].

CE-Relevanz

Causal Extraction (CE) folgt dieser Linie konsequent:
- Statistik ist Hypothesenlieferant, aber kein Beweismittel

- Kein Bauteil wird zur Ursache erklärt, weil es oft ausfällt

- Erst wenn es unter Provokation die erwartete Wirkung erzeugt, wird es akzeptiert

**CE-Prinzip:** Nicht wie oft  sondern wie und warum.

Diese Haltung ist nicht nur methodisch überlegen. Sie ist ethisch zwingend. Wer Verantwortung trägt, darf sich nicht auf Wahrscheinlichkeiten verlassen. Sondern muss Wirkung beweisen.

Gerade in sicherheitskritischen Bereichen (z. B. Medizin, Luftfahrt, Energietechnik) ist diese Perspektive unverzichtbar.

Folgerung:

Cartwright ersetzt Statistik durch Kausalität. CE übernimmt dieses Erbe mit Kapazität statt Quote. Mechanismus statt Muster. Wirkung statt Wahrscheinlichkeit.

---


[1] Cartwright, N. (1989): Nature's Capacities and Their Measurement. Oxford: Clarendon Press.
[2] Pearl, J. (2022): The Book of Why: The New Science of Cause and Effect. Penguin Books.
[3] Cartwright, N. (2007): Hunting Causes and Using Them. Cambridge University Press.
[4] Cartwright, N. (2022): What Are Capacities? Why Do We Need Them? In: Synthese, 200(4), 1-18. Open Access.

[5] Illari, P., Russo, F., & Williamson, J. (2011): Causality in the Sciences. Oxford University Press.
Weitere Referenzen:
Russo, F. & Williamson, J. (2007): Interpreting Causality in the Health Sciences. International Studies in Philosophy of Science, 21(2), 157-170. DOI: 10.1080/02698590701498084

## 2.3 Causal Extraction - Die Definition

**Causal Extraction (CE)** ist ein strukturiertes, logisch fundiertes Diagnoseverfahren zur eindeutigen Identifikation, Isolierung und Verifikation realer Ursachen physikalischer, technischer oder systemischer Fehlfunktionen. Grundlage ist ein methodisch geprüftes Zusammenspiel aus Hypothesenbildung, gezielter Provokation, empirischer Beobachtung und kausaler Validierung. Es ist unabhängig von Wahrscheinlichkeiten, Erfahrungswerten oder statistischen Assoziationen[12].

CE ist kein Baukastensystem. Es ist ein geschlossenes Prüfsystem, das bewährte erkenntnistheoretische Prinzipien , wie Falsifikation, Deduktion, Differenzanalyse, Ausschlusslogik, Kapazitätstheorie in eine systematische, testbare Architektur überführt[345]. Was sich in der Praxis nicht beweisen lässt, wird ausgeschlossen. Was sich im System reproduzierbar zeigt, wird kausal akzeptiert.

CE operiert nach drei Grundsätzen:

1   Nur was Kausal wirkt, gilt als Ursache.

2   Nur was sich provozieren und reproduzieren lässt, darf entschieden werden.

3   Nur was logisch und empirisch trägt, bleibt.

Die CE-Methodik umfasst:
- systemneutrale Symptomerfassung,

- hypothesenbasierte Fehlervermutung,

- gezielte Provokation funktionaler Schwachstellen,

- technische Spurensicherung auch unscheinbarer Indizien,

- Validierung unter realer Betriebsbelastung,

- und eine logisch-empirische Ursachenbewertung.

CE ersetzt Interpretationen durch Beweise.

Es ersetzt Muster durch Wirkungund  Vermutung durch Reaktion.

Es ist ein diagnostisches Urteilssystem mit wissenschaftlichem Anspruch und operativer Relevanz, von der Werkbank bis in die Systemanalyse, von der klinischen Differenzialdiagnostik bis zur Produktentwicklung.

---

[1] Popper, K. (1959): The Logic of Scientific Discovery. London: Hutchinson.
[2] Mayo, D. G. (2018): Statistical Inference as Severe Testing. Cambridge University Press.
[3] Cartwright, N. (1989): Nature's Capacities and Their Measurement. Oxford: Clarendon Press.
[4] Mill, J. S. (1843): A System of Logic. London: Parker.
[5] Pearl, J. (2009): Causality: Models, Reasoning and Inference. Cambridge University Press.

# Kapitel 3  Die Technikvariante der Differenzialdiagnose

## 3.1 Ursprung in der Differenzialdiagnostik

Differenzialdiagnostik ist kein modernes Schlagwort. Sie ist ein historisch gewachsenes Verfahren, entstanden aus der Notwendigkeit, unter Unsicherheit systematisch Wahrheit zu finden, lange bevor es Maschinen, Laborwerte oder digitale Assistenzsysteme gab.

Erste belegte Ansätze strukturierter Differenzialdiagnostik finden sich bereits im 5. Jahrhundert n. Chr. beim römischen Arzt Caelius Aurelianus, der in seinen Werken zur Nosologie beschreibt, wie Krankheitsbilder systematisch voneinander abgegrenzt werden müssen, um die tatsächliche Ursache therapeutisch zu fassen[1].

Die moderne Fundierung erfolgt im 19. Jahrhundert durch Vertreter der Zweiten Wiener Medizinischen Schule, insbesondere durch Josef von Škoda. Er verband physikalische Untersuchungstechniken wie Perkussion und Auskultation mit pathologisch-anatomischen Befunden. Das Ziel: nicht zu interpretieren, sondern auszuschließen, bis nur noch die wahre Ursache bleibt[2].

Im 20. Jahrhundert systematisierte Robert Hegglin dieses Verfahren weiter. Sein Werk *Differentialdiagnose innerer Krankheiten* wurde zu einem Lehrstandard. Jedoch nicht als Theorie, sondern als Arbeitsmittel. Hegglins Prinzip war einfach und radikal zugleich: Für jede Diagnose muss es mindestens eine plausible Alternativdiagnose geben, sonst ist sie nicht belastbar[3].

Causal Extraction  übernimmt dieses Denkprinzip. Es ersetzt den ärztlichen Patienten durch ein technisches System, aber die Methodik bleibt identisch: beobachten, ausschließen, provozieren, verifizieren. Bitte richtig verstehen, es ist keine Analogie zur Differenzialdiagnostik, sondern ihre technische Umsetzung.

Die Diagnose wird nicht dadurch wahr, dass sie sich logisch anhört, sondern weil sie dem Test standhält und genau das ist der Ursprung der Differenzialdiagnose. Und der Beginn von CE.

[1] *Caelius Aurelianus (5. Jh.): Tardae orationes. In: Nosologie. Zitiert nach: Wikipedia, Artikel „Diagnose", Zugriff: Mai 2025.*
[2] *Škoda, J. v. (1842): Abhandlung über Perkussion und Auskultation. Zitiert nach: Wikipedia, Artikel „Josef Škoda", Zugriff: Mai 2025.*
[3] *Hegglin, R. (1956): Differentialdiagnose innerer Krankheiten. Springer Verlag. Zitiert nach: Wikipedia, Artikel „Robert Hegglin", Zugriff: Mai 2025.*

## 3.2 Verknüpfung mit technischer Systemlogik

Technische Systeme funktionieren nicht nach Meinung. Sie folgen Naturgesetzen[1]. Ob Druckverlauf, Temperatursprung, Steuerimpuls oder Stoffumsatz: Jeder Wert entsteht aus einem physikalischen oder steuerungstechnischen Mechanismus[2]. Und genau hier versagt die klassische Diagnostik regelmäßig. Sie beobachtet Symptome, speichert Codes, sortiert Häufigkeiten[3]. Doch sie erklärt nicht.

In Werkstätten werden Spannungen gemessen, Abgastemperaturen dokumentiert, Sensorwerte gespeichert, aber selten in ihrer systemischen Verknüpfung analysiert. Die Folge: Der Fehler bleibt, der Ursache fehlt der Nachweis.

**Causal Extraction** setzt genau an dieser Lücke an. Es erkennt Systeme nicht als Datencontainer, sondern als logisch-funktionale Architektur[4]. Jeder Wert wird auf seine Stellung im Ursache-Wirkungsgeflecht geprüft: Was hat ihn verändert? Was müsste sich parallel dazu verändern? Welche gezielte Provokation bringt ihn zum Reagieren?

CE denkt nicht in Momentaufnahmen, sondern in funktionalen Ketten. Es interpretiert Messwerte im Kontext eines Modells. Und es bewertet sie nur dann, wenn sie systemisch relevant und unter Belastung reproduzierbar sind[5].

CE / Die Technikvariante der Differenzialdiagnose:

Diagnose nach CE verlangt:
1.  eine Hypothese, die sich aus der Systemlogik ableiten lässt,

2.  eine provozierte Reaktion im echten Betrieb,

3.  und eine Bestätigung durch Wiederholbarkeit unter realen
    Bedingungen.

CE prüft also nicht den Istwert, sondern seine kausale Bedeutung im System[6]. Typische Messmittel wie Oszilloskop, Thermokamera oder Druckverlusttester dienen nicht der Beobachtung, sondern der gezielten Hypothesenkritik[7].

**Beispiel:** Ein konstanter Druckabfall im Ansaugtrakt ist kein Beweis. Erst wenn er durch gezielte Störung reproduziert, mit weiteren Parametern korreliert und im Systemmodell erklärbar ist[8], gilt er als ursächlich relevant [9].

CE akzeptiert nur, was wirkt. Alles andere bleibt Kontext oder Rauschen.

---


[1] *Meadows, D. H. (2008). Thinking in Systems. Chelsea Green Publishing.*

[2] *Isermann, R. (2011). Mechatronische Systeme: Grundlagen. Springer Vieweg.*

[3] *Leveson, N. (2012). Engineering a Safer World. MIT Press.*

[4] *Pearl, J. (2009). Causality: Models, Reasoning and Inference. Cambridge University Press.*

[5] *Cartwright, N. (1989). Nature's Capacities and Their Measurement. Oxford: Clarendon Press.*

[6] *Stamatis, D. H. (2003). Failure Mode and Effect Analysis: FMEA from Theory to Execution. ASQ Quality Press.*

[7] *DIN EN 60812:2018. FMEA – Failure Modes and Effects Analysis. Deutsches Institut für Normung.*

[8] *Gertler, J. (1998). Fault Detection and Diagnosis in Engineering Systems. Marcel Dekker.*

[9] *IEEE Access (2020). A Survey of Fault Diagnosis Methods for Industrial Systems. DOI: 10.1109/ACCESS.2020.2977897.*

## 3.3 Wissenschaftstheoretische Einordnung

Causal Extraction (CE) lebt von seinem erkenntnistheoretisch fundiertes Diagnosesystem, das vier zentrale Positionen moderner Wissenschaft in sich vereint: Poppers Falsifikation[1], Reichenbachs Empirie[2], Salmons Kausalstruktur[3] und Lakatos' Forschungsprogramm[4].

Diese Einbindung ist keine Zierde. Sie erklärt, warum CE funktioniert: weil es systematisch zwischen Hypothese und Beweis unterscheidet, weil es jede Diagnose zur Probe stellt und nur überleben lässt, was real wirkt. CE arbeitet logisch, prüfbar, reproduzierbar. Es verlangt Verifikation statt Annahme, Kausalität statt Korrelation, Systemreaktion statt Erfahrung.

Die folgenden Unterabschnitte zeigen, wie CE diese wissenschaftlichen Prinzipien konkret umsetzt, in Technik, Praxis und Urteil.

---

[1] *Popper, K. R.: Logik der Forschung. Wien: Springer, 1935 (10. Auflage 1994), Kap. 1-3.*
[2] *Reichenbach, H.: The Rise of Scientific Philosophy. Berkeley: University of California Press, 1951, S. 12-28.*
[3] *Salmon, W. C.: Scientific Explanation and the Causal Structure of the World. Princeton: Princeton University Press, 1984, S. 132-149.*
[4] *Lakatos, I.: The Methodology of Scientific Research Programmes. Cambridge: Cambridge University Press, 1978, S. 1-17.*

## 3.3.1 Der kritische Rationalismus - CE als angewandte Irrtumsarchitektur

Man kann sagen, CE erfüllt ein wissenschaftstheoretisches Kriterium, das Karl Popper als Prüfstein echter Erkenntnis definierte: Der Fortschritt beginnt dort, wo eine Hypothese widerlegbar ist [1]. Doch CE beschränkt sich nicht darauf, dieses Prinzip technisch zu übernehmen. Es operiert vollständig innerhalb seiner Logik.

In CE ist Falsifikation kein philosophischer Anspruch, sondern Prüfstruktur. Jede Hypothese zur Fehlerursache wird in reale, provozierbare Form gebracht. Das System muss reagieren. Und es muss bei einem gezielten Gegenversuch versagen dürfen.

Wo Popper den Denkrahmen setzte, entwickelt CE das operative Verfahren:

- Hypothesen sind nur gültig, wenn ein konkretes Testprotokoll zur Widerlegung möglich ist.\n

- Diagnosen, die sich nicht gezielt zum Scheitern bringen lassen, gelten als inadäquat.\n

- Nur was der Widerlegung standhält **und** reproduzierbar wirkt, überlebt.

Popper lieferte das Regelwerk, CE die Anwendung: nicht im Labor, sondern im Feld. Nicht im Gedankenspiel, sondern unter Last und Reaktion. Die Denkarchitektur des kritischen Rationalismus wird in CE zur realen Belastungserfahrung.

Wissenschaft beginnt mit Zweifel. CE macht ihn messbar.

---


[1] Popper, K. (1959): Die Logik der wissenschaftlichen Entdeckung. Routledge.
[2] Thornton, S. (2023): „Karl Popper", Stanford Encyclopedia of Philosophy.
[3] Albert, H. (1991): Traktat über kritische Vernunft. Mohr Siebeck.
[4] Niiniluoto, I. (2019): Kritischer wissenschaftlicher Realismus. Oxford University Press.


### 3.3.2 Der logische Empirismus - CE als Wirklichkeitsfilter

Hans Reichenbach forderte in *The Rise of Scientific Philosophy* (1951) ein zentrales Kriterium für wissenschaftliche Aussagen: Empirie statt Behauptung. Erkenntnis darf nicht behauptet, sie muss erlebt, beobachtet, reproduziert werden[1].

Causal Extraction (CE) erfüllt diesen Anspruch nicht durch Beschreibung, sondern durch Systemreaktion. Beobachtung ist nicht genug. CE verlangt, dass eine Hypothese messbare Spuren im System hinterlässt. Der empirische Gehalt einer Aussage zeigt sich erst, wenn eine Annahme so formuliert ist, dass sie aktiv getestet und unter realen Betriebsbedingungen bestätigt oder verworfen werden kann[2].

CE denkt empirisch. Unter Spannung, Temperatur und Last:

- Ein Druckabfall ist keine Ursache, solange er nicht provoziert und reproduziert werden kann.

- Ein Symptom bleibt bedeutungslos, wenn es nicht auf eine gezielt ausgelöste Störung reagiert.

Wo Reichenbach Beobachtung fordert, setzt CE Reaktion. Die Bestätigung einer Hypothese ist nicht, dass sie plausibel klingt, sondern dass sie das System zwingt, sich zu verhalten.

---

[1] Reichenbach, H. (1951): The Rise of Scientific Philosophy. Berkeley: University of California Press, S. 12-28.
[2] Niiniluoto, I. (2019): Kritischer wissenschaftlicher Realismus. Oxford: Oxford University Press.

### 3.3.3 Der kausale Realismus - CE als Mechanismusdetektor

Wesley C. Salmon formulierte mit *Scientific Explanation and the Causal Structure of the World* (1984) eine zentrale Forderung an wissenschaftliche Erklärungen: **Kausalität bedeutet Mechanismus** und wer erklären will, muss zeigen, wie etwas wirkt[1].

Causal Extraction (CE) arbeitet exakt entlang dieser Forderung. Diagnose ist für CE keine Statistik. Kein Wahrscheinlichkeitswert ersetzt eine Wirkung. Eine Hypothese ist nur dann gültig, wenn sie einen **funktionslogischen Wirkpfad** aufspannt, mechanisch, elektrisch, thermisch oder informatorisch[2].

- Ein vermuteter Sensorfehler wird erst zur Ursache, wenn sich der Fehler gezielt über diesen Sensor auslösen lässt.

- Ein scheinbar auffälliger Messwert bleibt bedeutungslos, wenn er ohne systemische Wirkung bleibt.

Salmon forderte: Keine Erklärung ohne Wirkkette. CE übersetzt das in Praxis: Nur wer den Mechanismus trifft, darf Ursache sagen.

---

[1] *Salmon, W. C. (1984): Scientific Explanation and the Causal Structure of the World. Princeton: Princeton University Press, S. 132-149.*
[2] *Pearl, J. (2009): Causality: Models, Reasoning, and Inference. Cambridge: Cambridge University Press.*

### 3.3.4 Der methodische Kern - CE als Forschungsprogramm

Imre Lakatos definierte mit *The Methodology of Scientific Research Programmes* (1978) ein erkenntnistheoretisches Strukturmodell für echten Fortschritt: Ein harter Kern, geschützt durch einen methodisch variablen Gürtel[1].

Causal Extraction (CE) folgt diesem Aufbau exakt:

- Der harte Kern: Ursache statt Symptom. Nachweis statt Plausibilität. Verifikation statt Wahrscheinlichkeit.

- Der Schutzgürtel: flexibel / Methoden, Datenquellen, Provokationstechniken.

CE ist kein starres Diagnoseritual. Es ist ein strukturiertes Denk- und Prüfsystem, das sich je nach Fall adaptieren lässt, ohne seinen wissenschaftlichen Anspruch aufzugeben[2]. Es erlaubt methodisches Wachstum, aber keine Beliebigkeit.

Lakatos forderte: Ein Forschungsprogramm muss fruchtbar sein. Es muss neue Erkenntnisse ermöglichen, Hypothesen generieren, Tests provozieren. Genau das leistet CE nicht als Theorie, sondern als Arbeitsstruktur: belastbar, nachvollziehbar, beweisfähig.

---

[1] *Lakatos, I. (1978): The Methodology of Scientific Research Programmes. Cambridge: Cambridge University Press, S. 1-17.*
[2] *Leveson, N. (2012): Engineering a Safer World. MIT Press.*

## 3.4 Erkenntnistheoretische Konsequenz

Etwas aus seiner wissenschaftstheoretischen Verankerung ziehen, als eine radikale methodische Folgerung macht CE: Wahrheit entsteht nicht durch Beobachtung, sondern durch provozierte Reaktion.[1]

Während klassische Diagnostik auf passive Erfassung setzt, wie Fehlerspeicher, Verlaufskurven, Statusabfragen, besteht der zentrale Anspruch von CE in der aktiven Eskalation. Ein Fehler ist erst dann beweisbar, wenn er unter definierten Bedingungen gezielt ausgelöst werden kann. Nur durch kontrollierten Eingriff entsteht kausale Sicherheit.[2]

Diese Logik ist erkenntnistheoretisch zwingend. Erkenntnis ohne Test bleibt Vermutung. Und eine Hypothese, die sich nicht zur Gegenprobe stellen lässt, ist wissenschaftlich wertlos.[3] CE akzeptiert deshalb keine Diagnose, die auf reinen Beobachtungsdaten basiert. Es fordert:

- eine gezielte Provokation der vermuteten Ursache,

- eine reproduzierbare Reaktion im System,

- und eine eindeutige Verknüpfung zur beobachteten Wirkung.

Die Konsequenz ist ein Paradigmenwechsel. Weg von der beschreibenden Analyse, hin zur prüfenden Konfrontation. CE stellt sich gegen die verbreitete Praxis, Fehler retrospektiv zu interpretieren. Stattdessen zwingt es das System zur Aussage und nicht im Leerlauf, sondern unter definierter Belastung.

In der medizinischen Diagnostik ist diese Logik etabliert. Ein Patient mit Verdacht auf koronare Herzkrankheit bleibt unter Ruhebedingungen oft unauffällig. Erst unter systemischer Last, etwa durch Belastungstest, zeigt sich, ob der Verdacht tragfähig ist.[4] CE überträgt dieses Prinzip auf technische Systeme. Es diagnostiziert nicht die Ruhe, sondern den Bruchpunkt.

Technisch bedeutet das: Ein Druckabfall, der bei Normalbetrieb unklar bleibt, wird unter gezieltem Systemstress. Zum Beispiel Lastsprung, Wärmepuls oder Signalinjektion -> zur Quelle. Erst wenn das System reagiert oder ausbleibt, klärt sich, ob die Hypothese trägt.

In erkenntnistheoretischer Hinsicht stellt CE damit eine operationalisierte Form moderner Wissenschaft dar. Es verbindet die Falsifikationslogik Poppers[1] mit Reichenbachs empirischer Prüfstruktur[2], erweitert um Salmons mechanistischen Wirknachweis[3] und Lakatos' Forderung nach methodischer Fruchtbarkeit.[4]

Die Konsequenz ist weitreichend:

- Es genügt nicht, ein Fehlerbild zu beschreiben. Es muss provozierbar sein.

- Es genügt nicht, einen Sensor zu tauschen. Sein Versagen muss nachweisbar kausal wirken.

- Es genügt nicht, Muster zu erkennen. Sie müssen sich unter Eingriff verhalten.

CE ersetzt das passive Registrieren durch kontrolliertes Herausfordern. Diagnose wird nicht mehr erhofft, sie wird erzeugt.

Damit beginnt der Übergang zur operativen Architektur von CE. In Kapitel 4 wird diese Konsequenz in konkrete methodische Leitlinien überführt: Hypothesenbildung, Provokation, Reaktion und Validierung und nicht als Ablauf, sondern als beweisführende Struktur.

[1] Popper, K. R.: Logik der Forschung. Wien: Springer, 1935 (10. Auflage 1994), Kap. 1-3. [2] Reichenbach, H.: The Rise of Scientific Philosophy. Berkeley: University of California Press, 1951, S. 12-28. [3] Salmon, W. C.: Scientific Explanation and the Causal Structure of the World. Princeton: Princeton University Press, 1984, S. 132-149. [4] Lakatos, I.: The Methodology of Scientific Research Programmes. Cambridge: Cambridge University Press, 1978, S. 1-17.

# Kapitel 4 - Die methodischen Leitlinien von CE

## 4.1 Struktur und Charakter der CE-Leitlinien

Mit starren Schritten arbeiten, sondern mit methodischen Leitlinien ist hier Fakt. Diese sind nicht linear, nicht zwingend vollständig und nicht in jedem Fall gleichrangig anwendbar.

CE reagiert auf die Realität. Ein Motor, der nicht mehr startet, kann nicht validiert werden. Ein Kunde, der lügt oder schweigt, kann nicht objektiv befragt werden. Ein Fehler, der nur einmal auftrat, lässt sich nicht immer provozieren.

Deshalb versteht CE seine Methodik als eine strukturierte, aber situativ anwendbare Architektur. Sie umfasst sechs Leitlinien, die in der idealen Anwendung nacheinander und vollständig durchlaufen werden. In der Praxis jedoch angepasst, verkürzt oder in anderer Reihenfolge verwendet werden müssen.

Was CE dabei konsequent unterscheidet: Jede diagnostische Entscheidung muss sich einer logischen und/oder empirischen Prüfung stellen. [1]

Egal ob sie aus einem Kundengespräch, einem Oszillogramm oder einer gezielten Provokation stammt und was nicht prüfbar ist, bleibt spekulativ.

Die folgende Darstellung beschreibt die sechs Leitlinien nicht als Dogma, sondern als Denkstruktur. Wer CE anwenden will, muss verstehen: Nicht alles ist immer möglich. Aber alles muss begründbar, überprüfbar und belastbar sein.

Die CE-Leitlinien sind kein Rezept, sondern ein Denkrahmen. Und dieser Denkrahmen ist der Unterschied zwischen Probieren und Diagnostik.

---

[1] *Vgl. Popper, K. R.: Logik der Forschung. Wien: Springer, 1935 (10. Auflage 1994), Kap. 1-3.*

## 4.2 Symptome erfassen - ohne Vorausdeutung

Diagnostische Positionierung

Am Beginn jeder Causal-Extraction-Analyse steht die Symptomerfassung. Nicht als Formalie, sondern als erkenntnistheoretische Grundlegung. CE trennt dabei konsequent zwischen Phänomen und Ursache. Das Symptom ist nicht der Fehler. Es ist seine Spur und nicht sein Beweis.

In Abgrenzung zu heuristischen, OBD-geführten oder erfahrungsbasierten Verfahren fordert CE eine vollständige, systematische und nicht-vorausdeutende Erhebung sämtlicher beobachtbarer Auffälligkeiten, unabhängig von deren Relevanz oder Plausibilität.

Methodischer Kern

Die CE-Symptomerfassung folgt vier Prinzipien:

1. **Neutralität:** Keine Bewertung, keine Interpretation. Was beobachtbar oder messbar ist, wird dokumentiert.

2. **Vollständigkeit:** Jedes Detail zählt, auch und gerade das scheinbar Unbedeutende.

3. **Systemlogik:** Symptome werden im Kontext des gesamten Systems erfasst, topologisch, funktional, thermisch, elektrisch.

4. **Zeitliche Dimension:** Symptome müssen mit Betriebsphasen, Lastzuständen und Systemereignissen korreliert werden.

Beispielhafte Parameter: Klopfgeräusche, Startverhalten, Spannungsabfälle, Geruch nach Kraftstoff, Ölspuren, Fehlermeldungen, untypische Farben, Taktrhythmusabweichungen, Anlassverzögerung.

Praktische Umsetzung

Ein professioneller Diagnostiker notiert also nicht „Zylinder 3 Fehlzündung" - sondern:

- OBD-Code: P0303, Fehlzündung Zyl. 3, aktiv

- Beobachtung: Ruckeln beim Kaltstart unter 5 °C

- Kunde: „Fängt sich nach 2 Minuten"

- Auffällig: leichte Abgasfahne, Geruch nach unverbranntem Kraftstoff, Spannung Einspitzgruppe 2 um 0,5 V niedriger als Gruppe 1

- Ergänzung: Drehzahlschwankung im Leerlauf, nur bei Erststart

Diese Beschreibung ist der Rohstoff für Hypothesenbildung und Provokation. Erst diese Unvoreingenommenheit ermöglicht spätere Beweisführung.

Wissenschaftliche Fundierung

Die Forderung nach voraussetzungsfreier Datenerhebung hat erkenntnistheoretische Wurzeln:

- Francis Bacon forderte in *Novum Organum* (1620), dass Empirie frei von vorgefassten Meinungen zu erfolgen habe. Andernfalls entstünden sogenannte Idola, also Denkverzerrungen.[1]

- Karl Popper betonte in *Logik der Forschung* (1935), dass Daten ohne Hypothese blind seien. Hypothesen ohne Daten seien dagegen leer.[2]

- Bruno Latour zeigte in *Laboratory Life* (1979), dass Wissenschaft stets mit Beschreibung beginne, nicht mit Erklärung.[3]

CE-Spezifikum

CE unterscheidet sich radikal von klassischer Fehlersuche, weil es keine indikatorischen Reiz-Reaktionsketten akzeptiert, sondern Beweisketten fordert. Die Symptome werden nicht gewertet, aber als Grundlage eines späteren Kausalnachweises protokolliert.

---

[1] *Bacon, F.: Novum Organum. London: 1620 (Übersetzung: Akademie Verlag Berlin, 1990), Aphorismenbuch I, §§ 36–44.*

[2] Popper, K. R.: Logik der Forschung. Wien: Springer, 1935 (10. Auflage 1994), S. 27–45.

[3] Latour, B. / Woolgar, S.: Laboratory Life: The Construction of Scientific Facts. Princeton: Princeton University Press, 1979, S. 50–66.

## 4.3 Werkstattdialektik - Jeder Kunde lügt

Diagnostische Ausgangslage

Diese Leitlinie mag provozieren, aber sie ist methodisch zwingend: In der Werkstatt gilt im Zweifel immer, jeder Kunde lügt. Nicht aus Bosheit. Sondern weil Wahrnehmung, Erinnerung und Sprache systematisch unzuverlässig sind. Causal Extraction nimmt diese Realität nicht nur hin, sondern baut sie in seine Methodik ein.

Der Begriff „lügen" ist dabei nicht moralisch zu verstehen. Er beschreibt eine Abweichung zwischen erlebter, mitgeteilter und tatsächlich messbarer Wirklichkeit. Moderne Kognitionspsychologie wie auch forensische Interviewtechnik belegen: Menschen berichten nicht, was war. Sie berichten, was sie glauben, erlebt zu haben.[1]

Drei Hauptgründe machen Kundenangaben unzuverlässig:

1. **Kognitive Verzerrung:** Der Kunde merkt sich, was für ihn relevant erscheint und nicht, was für die Diagnose entscheidend ist.

2. **Schutzmechanismen:** Viele Aussagen werden unterbewusst geschönt, weil der Kunde keine Schuld zugeben oder sich nicht bloßstellen möchte.

3. **Technisches Unverständnis:** Ohne Systemwissen fehlt die Fähigkeit, Symptome richtig einzuordnen oder begrifflich korrekt zu erfassen.[2]

Ein Beispiel: Der Kunde sagt, „gestern lief alles noch super". CE prüft und findet denselben Fehler bereits 400 Betriebsstunden im Speicher. Oder: „Ich habe nichts gemacht" und dennoch wurde der Sensorstecker vor drei Tagen neu belegt.

Methodischer Kern

CE behandelt daher jede Kundenaussage als Hypothese. Sie kann stimmen. Muss es aber nicht. Daraus ergeben sich zwei methodische Konsequenzen:

- Erstens: Jede Aussage muss technisch prüfbar gemacht werden. Nur was sich mit Systemdaten, Logik oder Provokation abgleichen lässt, ist relevant.

- Zweitens: Alle emotionalen Inhalte müssen ausgeblendet werden. Aussagen sind keine Beweismittel, sondern Testpunkte. Das ist Material für die Prüfung und keine Wahrheit.

Die Haltung ist nüchtern und nicht mißtrauisch. CE weiß: Vertrauen ist keine Prüfgröße. Objektivität ist es hingegen. Auch im Umgang mit Menschen.

Wissenschaftliche Fundierung

- Sigmund Freud erkannte bereits in der Traumdeutung, dass Aussagen oft nicht das Gemeinte, sondern das Erwünschte transportieren.[3]

- Elizabeth Loftus wies in ihrer Memory-Distortion-Forschung nach, dass Erinnerungen durch Suggestion, Angst oder Selbstdarstellung rekonfiguriert werden.[4]

- Paul Ekman differenzierte in der Lügenerkennung zwischen bewusster Täuschung und unbewusster Abweichung, wobei Letztere im Alltag überwiegt.[5]

CE nutzt diese psychologische Grundlage, um Aussagen systematisch zu de-subjektivieren. Kunden, Sensoren, Baugruppen lügen nicht aus Absicht. Sie geben fehlerhafte Auskunft, weil ihre Struktur nicht auf Wahrheit, sondern auf Wirkung ausgelegt ist.

[1] Loftus, E. F.: Eyewitness Testimony. Cambridge, MA: Harvard University Press, 1979, S. 47–73.

[2] Wagenaar, W. A.: The Cognitive Psychology of Everyday Reasoning. In: Behavioral and Brain Sciences, Vol. 6, 1983, S. 347–362.

[3] Freud, S.: Die Traumdeutung. Leipzig: Franz Deuticke, 1900, Kap. VI.

[4] Loftus, E. F. / Palmer, J. C.: Reconstruction of Automobile Destruction. Journal of Verbal Learning and Verbal Behavior 13 (1974), S. 585–589.

[5] Ekman, P.: Telling Lies: Clues to Deceit in the Marketplace, Politics, and Marriage. New York: Norton, 1985.

## 4.4 Hypothesenbildung - systemisch, nicht spekulativ

Diagnostischer Ausgangspunkt

Causal Extraction  beginnt nach der rohen Symptomerfassung mit Hypothesen und eben nicht mit bloßen Annahmen . Es beginnt nicht miteiner, sondern mehrerer. CE fordert die aktive und bewusste Aufstellung konkurrierender Ursachenmodelle. Jede Hypothese ist eine technisch prüfbare Behauptung über das Zustandekommen eines beobachteten Effekts.

Diese Herangehensweise widerspricht der gängigen Praxis, in der häufig aus Erfahrung oder durch Automatismen voreilige Schlüsse gezogen werden. CE lehnt solche Verkürzungen ab. Wer erklärt, bevor er denkt, erzeugt keine Diagnostik sehr wohl aber Projektion.

Methodischer Kern

Hypothesen im Sinne von CE müssen vier Bedingungen erfüllen:
1. **Systemische Schlüssigkeit:** Die Annahme muss mit dem Aufbau und der Funktion des realen Systems übereinstimmen.

2. **Physikalische Realisierbarkeit:** Jede behauptete Ursache muss technisch möglich sein im gegebenen Temperatur-, Spannungs-, Belastungs- oder Signalrahmen.

3. **Logische Kohärenz:** Der Verlauf muss erklärbar sein. Die Ursache muss das beobachtete Symptom logisch erzeugen können.

4. **Unabhängigkeit vom Erfahrungsvorrat:** Auch unwahrscheinliche, seltene oder bisher nicht beobachtete Fehlerquellen müssen in Betracht gezogen werden, sofern sie realistisch sind.

Ein Beispiel: „Zündspule defekt" ist keine Hypothese, sondern eine Vermutung. CE-kompatibel wäre: „Fehlzündung auf Zyl. 3 durch thermisch intermittierende Sekundärspannungsunterbrechung infolge Isolationsschaden im Spulenmodul."

CE verlangt, dass jede Hypothese konkret, technisch operationalisierbar und gezielt prüfbar ist. Ihre Aufgabe ist es getestet zu werden. Sie muß niemanden gefallen.

Wissenschaftliche Fundierung

Die Verpflichtung zur systemischen Hypothesenbildung steht in der Tradition wissenschaftlicher Methodologie:

- Karl Popper definiert Hypothesen als Vermutungen, die der Falsifikation zugänglich sein müssen und nicht als bloße Erklärungsmuster.[1]

- Herbert A. Simon, Pionier der Entscheidungslogik, fordert die bewusste Konstruktion alternativer Ursachen zur Vermeidung kognitiver Verengung.[2]

- Imre Lakatos betont, dass wissenschaftlicher Fortschritt nicht durch Einzelideen entsteht, sondern durch Theoriensysteme mit Prüfstruktur.[3]

CE nimmt diese Prinzipien auf, überführt sie in technische Praxis und operationalisiert sie im Diagnosesystem.

CE-Spezifikum

Causal Extraction arbeitet mit Ursachenmodellen . Es nutzt keine Wahrscheinlichkeitsvorgaben, keine Erfahrungsraster und keine Suggestion durch vergangene Fälle. Was technisch möglich ist, ist als Hypothese zulässig. Was technisch beweisbar ist, wird zur Ursache. Dazwischen steht: die Provokation.

---

[1] Popper, K. R.: *Logik der Forschung*. Wien: Springer, 1935 (10. Auflage 1994), S. 51–68.
[2] Simon, H. A.: *The Sciences of the Artificial*. Cambridge, MA: MIT Press, 1969 (3rd ed. 1996), Kap. 4.
[3] Lakatos, I.: *The Methodology of Scientific Research Programmes*. Cambridge: Cambridge University Press, 1978, S. 33–38.

## 4.5 Provokation - Reaktion ist Beweis

Methodische Ausgangslage

CE unterscheidet sich fundamental von passiven Diagnosesystemen: Es wartet nicht auf Symptome, sondern fordert sie aktiv ein. Die Hypothese allein hat keinen Wert, denn sie muss sich im realen Systemverhalten bewähren.

Provokation ist dabei kein destruktiver Akt, sondern eine gezielte Belastungsprüfung: Wenn eine Ursache wirklich existiert, muss sie sich unter den richtigen Bedingungen offenbaren. Bleibt die Reaktion aus, war die Hypothese falsch oder unvollständig.

Diagnoselogik

CE kennt drei Formen der Provokation:

1. **Thermisch** - gezielte Erwärmung oder Abkühlung von Bauteilen (z. B. per Heißluft, Kältespray)

2. **Elektrisch/informatorisch** - gezielte Spannungsänderungen, Masseunterbrechungen, Signalmanipulation

3. **Mechanisch/strukturell** - Erschütterung, Lastwechsel, Vibration, Relativbewegung

Ziel ist stets: Die vermutete Ursache muss eine Reaktion erzwingen, die das beobachtete Fehlerbild reproduziert.

Beispiel: Wenn ein Spannungseinbruch als Ursache gilt, muss die gezielte Manipulation dieses Signals den Fehler auslösen. Nur dann ist die Hypothese beweisfähig.

Wissenschaftliche Fundierung

- **Karl Popper** forderte, dass jede wissenschaftliche Theorie zur Falsifikation herausgefordert werden müsse. Wer Hypothesen nicht testet, glaubt. Er beweist nicht.[1]

- **Nancy Cartwright** kritisierte, dass statistische Evidenz oft Ursache mit Regelmäßigkeit verwechsle. Nur reale Kausalmechanismen können verlässlich überprüft werden.[2]

- **Jason Maxham** schreibt:

  *„Try it and observe the results. [...] Say it out loud: 'If X is being caused by Y, then Z must be true.'"*[3]
  Maxham beschreibt hier die logische Kette der Provokation als Mittel zur Wahrheitserzeugung.

CE-Spezifikum

CE verlangt: Was du vermutest, musst du auslösen. Das unterscheidet CE von korrelativen Verfahren, die auf Wahrscheinlichkeiten setzen. Provokation schafft Evidenz. Nicht durch Statistik, sondern durch Systemantwort.

CE nutzt Provokation als strukturelle Bedingung für Kausalitätsbeweis. Fehler, die sich nicht provozieren lassen, bleiben Hypothese. Nur wer den Bruchpunkt kennt, kennt den Fehler.

---

[1] *Popper, K. R.: Logik der Forschung. Wien: Springer, 1935 (10. Auflage 1994), S. 87–94.*

[2] *Cartwright, N.: Nature's Capacities and Their Measurement. Oxford: Clarendon Press, 1989, Kap. 2–3.*
[3] *Maxham, J.: The Art of Troubleshooting. 2025, S. 152–153.*

## 4.6 Die kleinen Hinweise - Spurensicherung auf technischer Ebene

Methodische Relevanz

Nicht alle Beweise schreien. Manche flüstern. Die kleinen Hinweise sind schwach, unscheinbar, oft abseits des Erwartbaren. Doch in ihrer technischen Präzision liegt ihr Wert: Sie sind der Anfang der Spur und nicht der Schluss.

CE versteht sich als strukturierte Ursachenextraktion. Das bedeutet: Auch schwache Signale müssen beachtet werden, wenn sie systemisch nicht erklärbar sind. Gerade sie liefern oft die entscheidende Abweichung, die eine dominante Hypothese widerlegt oder eine neue stützt.

Diagnostischer Anspruch

Die kleinen Hinweise sind keine Zufallsfunde. Sie entstehen aus strukturierter Aufmerksamkeit, aus bewusstem Zweifel, aus methodischer Störung des Vertrauten. CE verlangt, dass alles, was beobachtet wird, auch verstanden werden muss im Rahmen des Kausalmodells.

Typische Beispiele:

- Ein dunkler Schmauchrand an einem Stecker, der elektrisch unauffällig scheint

- Eine kaum messbare Temperatursymmetrie an zwei identischen Sensoren

- Eine unerklärliche Spannungshysterese bei Wiederholungsprüfung

- Ein auffälliger Geruch, der nicht mit dem Fehlerbild korreliert

Diese Spuren sind keine Symptome. Sie sind Beweisfragmente. Und wer sie erkennt, gewinnt. Denn sie geben Hinweise auf versteckte, intermittierende oder systemisch maskierte Ursachen.

Sprachliche Signale, unterschätzte Auslöser

Nicht alle kleinen Hinweise sind materiell. Viele entstehen im Dialog, sind beiläufige Aussagen, emotionale Verschiebungen oder zögerliche Begriffe. CE interpretiert diese nicht psychologisch, sondern systemisch: als Hinweis auf mögliche Verdeckung, Unsicherheit oder strukturelle Diskontinuität.

Beispiel: Der Satz „Ich glaube, das war beim letzten Ölwechsel" ist keine Information, sondern es ist eine Spur. Sie kann zurückgeführt, verifiziert oder verworfen werden. Aber sie muss gehört werden.

Jason Maxham beschreibt dies so:

*„Listening deeply means discovering what's behind the initial statement. Many failures were solved because I caught a casual remark."*[1]

CE verlangt daher: aktive Aufmerksamkeit für das Nebensächliche und die Fähigkeit, beiläufige Hinweise in systemische Prüfpfade zu übersetzen.


Wissenschaftliche Fundierung

- **Sherlock Holmes** formulierte im literarischen Rahmen, was technisch längst gilt: *„You see, but you do not observe."*[2]

- **Hans-Jörg Rheinberger**, Wissenschaftshistoriker, beschreibt Erkenntnis als Reaktion auf *„experimentelle Reste"* -Details, die zunächst irrelevant erscheinen, aber das bestehende Modell sprengen.[3]

- **Jason Maxham** betont mehrfach, dass beiläufige Kundenbemerkungen oft zur Lösung führen, sofern sie systematisch überprüft werden.[1]


CE übernimmt diese Logik: Die kleinen Hinweise sind Teil des Modells, nicht dessen Dekoration. Wer sie ignoriert, riskiert den Verlust der Spur. Wer sie einordnet, schafft Beweis.

CE-Spezifikum

Die kleinen Hinweise sind der Ort, an dem CE seine volle Stärke entfaltet: Logik, Beobachtung, Systemwissen, Spurenkunde. CE erlaubt keine Lücken, auch keine kleinen. Denn jede Abweichung ist potenziell ein Zugang zur Ursache.

---

[1] Maxham, J.: *The Art of Troubleshooting.* 2025, S. 213–214, 156–157.
[2] Doyle, A. C.: *The Adventure of Scandal in Bohemia, in: The Adventures of Sherlock Holmes.* London: George Newnes, 1892.
[3] Rheinberger, H.-J.: *Experiment, Differenz, Schrift.* Marburg: Basilisken-Presse, 1992, S. 24–35.

## 4.7 Validierung - wenn möglich, beweis es

Methodischer Anspruch

Causal Extraction (CE) akzeptiert keine Hypothese als Ursache, solange diese nicht unter Betriebsbedingungen eine systemisch konsistente Wirkung zeigt. Die Validierung ist die letzte, härteste Prüfung im CE-Prozess. Sie isz keine Kür, sondern das logische Ende eines denkenden Beweisverfahrens.

Validierung bedeutet: Was als Ursache behauptet wurde, muss unter realen Bedingungen exakt die Reaktion erzeugen, die dem zuvor beobachteten Fehlerbild entspricht. Nicht ungefähr. Nicht ungefähr zur richtigen Zeit. Sondern präzise, logisch zwingend und empirisch reproduzierbar.

Formen der Validierung

1. **Live-Betriebsprüfung** - Die Ursache wird beseitigt, der Fehler verschwindet. Wird sie wiederhergestellt, kehrt er zurück. Dies geschieht gezielt, kontrolliert, nachvollziehbar.

2. **Rückführung / Re-Induktion** - Das ursprünglich verdächtige Bauteil wird gezielt erneut verbaut oder manipuliert. Tritt der Fehler wieder auf, entsteht kausale Rückkopplung.

3. **Systemvergleich** - Vergleich mit identischen oder funktional gleichartigen Systemen unter gleichen Randbedingungen liefert Abgrenzung von Norm und Anomalie.

Wissenschaftliche Fundierung

CE steht mit dieser Haltung nicht isoliert aber sie entspricht dem aktuellsten Stand wissenschaftlicher Bewertungslogik.

- **Karl Popper** forderte, dass Theorien nur überleben dürfen, wenn sie an der Realität scheitern dürfen. Keine Hypothese darf Gültigkeit beanspruchen, ohne sich realen Gegenbeweisen auszusetzen.[1]

- **Bruno Latour** verdeutlichte, dass in der Wissenschaft nur das Bestand hat, was reproduzierbar ist und nicht nur technisch, sondern auch sozial, methodisch, räumlich.[2]

- **Sornette et al.** plädieren für eine Validierungslogik, die nicht als Abschluss, sondern als iterativer, mehrdimensionaler Prozess verstanden wird. Sie beschreiben Validierung als fortlaufende Annäherung zwischen Modell und Wirklichkeit.[3]

- **World Bank IEG** zeigt, dass Einzelfallvalidierung unter gezielter Triangulation und kontrafaktischer Logik ein vollwertiger wissenschaftlicher Beweisansatz ist und gerade in komplexen, realweltlichen Systemen.[4]

CE-Spezifikum

CE nimmt all diese Positionen auf und geht weiter. Die Validierung ist keine bloße Reaktion, sondern der bewusste Versuch, ein komplexes System zur Wahrheit zu zwingen. Es ist der Moment, in dem sich Denkmodell, Hypothese und Realität berühren.

Doch CE kennt auch seine Grenzen. Wenn Systeme zerstört, irreversibel beschädigt oder unzugänglich sind, wird auf Validierung verzichtet, aber niemals auf die Transparenz: Solche Fälle werden als hypothetisch, nicht als bewiesen ausgewiesen.

CE verlangt immer Validierung ohne sie zu behaupten.

---

[1] Popper, K. R.: *Logik der Forschung*. Wien: Springer, 1935 (10. Auflage 1994), S. 94–103.
[2] Latour, B. / Woolgar, S.: *Laboratory Life: The Construction of Scientific Facts*. Princeton: Princeton University Press, 1979, S. 178–182.
[3] Sornette, D. et al.: *Theory of Model Validation*. arXiv:physics/0511219, 2005, S. 2–4.
[4] World Bank IEG: *Rigor in Case-Based Causal Analysis*. Washington, DC: Independent Evaluation Group, 2022, Abschnitt „Triangulation and Counterfactual Validity", S. 6–9.

# Kapitel 5 - Beweis durch Anwendung: Technische Fallanalysen mit Causal Extraction

## 5.1 Warum Fallbeispiele nötig sind

Dis Model ist ein Verfahren zum Anwenden. Und Anwendung bedeutet nicht: demonstrieren, was im Idealfall funktioniert. Es bedeutet: zeigen, was unter realen Bedingungen beweisfähig ist.

Theorie allein überzeugt nicht. Sie muss sich am Motor, im Feld, unter Stress bewähren. Eine Methode, die keine Fehler löst, ist keine Methode. Sie ist bestenfalls Annäherung, schlimmstenfalls Selbsttäuschung.

Deshalb enthält dieses Kapitel keine didaktischen Konstrukte, keine idealisierten Beispiele, keine verkürzten Szenarien. Jeder Fall in diesem Kapitel ist echt. Jeder wurde unter Werkstattbedingungen dokumentiert. Und jeder wurde vollständig nach CE-Kriterien analysiert: systemisch, logisch, beweisführend.

Die Auswahl ist bewusst heterogen: sporadische Fehlzündung, thermischer Masseschaden, CAN-Störung durch Kondensat, sensorische Drift, Diagnosefehler durch Fehlinterpretation. Allen gemeinsam: Sie galten als schwer oder unlösbar. Und wurden durch CE entschlüsselt.

Jeder Fall zeigt nicht nur, was gelöst wurde, sondern wie. Welche Hypothese trug. Welche scheiterte. Welche Spuren übersehen wurden. Und was passiert, wenn CE nicht oder nur teilweise angewendet wird.

Dieser Ansatz ist nicht nur technisch gerechtfertigt, sondern wissenschaftlich begründet:

- Der Erkenntnistheoretiker Donald Schön betonte, dass komplexe Handlungsprobleme nur durch „reflection in action" bewältigt werden können durch konkrete Anwendung mit Rückkopplung.[1]

- World Bank IEG zeigte 2022, dass kausale Analyse in realen Systemen gerade dann belastbar wird, wenn sie anhand konkreter Fälle durchgeführt wird und unter Einbezug von Kontext, Widerspruch und Reaktion.[2]

Causal Extraction folgt exakt dieser Linie. Es ist kein Theoriemodell, sondern ein Fallvalidierungssystem.

---

[1] Schön, D. A.: *The Reflective Practitioner: How Professionals Think in Action.* New York: Basic Books, 1983, Kap. 2.
[2] World Bank IEG: *Rigor in Case-Based Causal Analysis.* Washington, DC: Independent Evaluation Group, 2022, S. 4–7.

## 5.2 Methodisches Raster der CE-Fallanalyse

Jedes Fallbeispiel nach dem folgenden Schema aufgebaut:

1. **Systemkontext**

Technische Kurzbeschreibung des Systems oder Aggregats. Welche Baugruppe, welcher Typ, welcher Einsatzort? Welche Bedeutung hat das System im Betrieb?

2. **Symptomerfassung**

Rohdaten ohne Deutung. Auffällige Messwerte, Codes, Geräusche, Gerüche, Zeiten, Reaktionen. Ohne Interpretation, ohne Vorauswahl, nur was wirklich beobachtbar war.

3. **Werkstattdialektik**

Kundenangaben, Widersprüche, Aussagen aus dem Umfeld. Was wurde gesagt, was verschwiegen, was nebenbei geäußert? Aussagen sind keine Daten. Sie werden als Hypothesen behandelt.

4. **Hypothesenbildung**

Alle technisch plausiblen Ursachenannahmen, sortiert nach Domäne (mechanisch, elektrisch, thermisch, informatorisch). Jede Hypothese muss logisch begründet und praktisch prüfbar sein.

5. **Provokation**

Welche gezielten Tests wurden durchgeführt, um die Hypothesen aktiv zu prüfen? Eingriffe, Belastungen, Variation streben immer nach dem Ziel: Reaktion. Getrennt nach Testtyp (thermisch, elektrisch, mechanisch).

### 6. Spurensicherung

Welche kleinen Hinweise traten auf? Verfärbungen, asymmetrische Erwärmung, fehlerhafte Spannungsverläufe, Steckerspuren, alles, was kausal interpretierbar ist, aber nicht im Speicher steht.

### 7. Validierung / Ausschluss

Was konnte experimentell bewiesen oder widerlegt werden? Was wurde durch Reproduktion des Fehlers nachgewiesen? Wo bleibt eine hypothetische Annahme bestehen?

### 8. Ursachenerkenntnis

Was war die reale Ursache? Warum war sie verdeckt, mehrdeutig oder unsichtbar? Die Erklärung erfolgt nur, wenn sie sich logisch und empirisch absichern lässt.

### 9. Relevanz

Was ist aus dem Fall methodisch zu lernen? Welche Hypothese war irreführend? Wo wurde Zeit verschwendet? Welche systemische Schwäche wurde aufgedeckt?

Dieses Raster sichert: Jede CE-Diagnose ist nicht nur dokumentierbar. Sie ist prüfbar, reproduzierbar und theoretisch übertragbar. Nicht weil sie erzählt, sondern weil sie beweist.

# Kapitel 6 - Grenzen der Wahrheit: Was CE kann. Und was nicht.

## 6.1 Methodische Grenzen

Causal Extraction ist kein Allzweckwerkzeug. Es ist ein strukturiertes Denk- und Prüfmodell mit klar definierten Voraussetzungen und bewusst gesetzten Grenzen.

Eine CE-Analyse setzt voraus: Symptome müssen beobachtbar, Hypothesen bildbar und Reaktionen provozierbar sein. Ist ein System vollständig zerstört, unzugänglich oder historisch nicht rekonstruierbar, stößt CE an seine Grenze und nicht aus methodischer Schwäche, sondern aus erkenntnistheoretischer Redlichkeit.

Diese Grenze liegt nicht dort, wo kein Schraubenschlüssel mehr greift, sondern dort, wo logische Prüfung und empirische Verifikation nicht mehr durchführbar sind. Entscheidend ist also nicht der physische Zugriff, sondern die rekonstruierbare Wirkungskette.

Ein markanter Grenzfall war 2009 der Mars-Rover *Spirit*. Nach monatelanger Fahrt blieb das Fahrzeug auf dem Mars in losem Sand stecken und das rund 106 Millionen Kilometer von der Erde entfernt[1]. Eine Reparatur vor Ort war ausgeschlossen. Das Diagnoseteam analysierte verfügbare Daten, formulierte Hypothesen, übertrug sie auf baugleiche Testfahrzeuge auf der Erde, provozierte Reaktionen und rekonstruierte so den wahrscheinlichen Ursachenpfad. Das Ergebnis: eine funktionierende Ausweichstrategie, die in einer kontrollierten Abfolge zur Befreiung des Rovers führte.

Dieses Beispiel zeigt: Die methodische Grenze von CE liegt nicht im Raum sehr wohl jedoch in der Nachvollziehbarkeit. Solange ein Zusammenhang logisch und strukturell rekonstruierbar ist, bleibt CE einsatzfähig. Erst wenn keine verifizierbare Kausalkette mehr aufgestellt werden kann, endet der Wirkbereich der Methode.

---

[1] *NASA Jet Propulsion Laboratory: Spirit Mission Timeline, Pasadena, CA: NASA JPL, 2009.*

## 6.2 Systemzugang und physikalische Durchführbarkeit

Es bedarf keines Laboraufbaus im Reinraum, jedoch aber braucht es Zugang. Nicht im räumlichen Sinn, sondern im systemischen: Ein System muss befragbar sein. Und es muss unter realen Bedingungen reagieren können. Nur dann kann CE seine volle Wirkung entfalten.

Systemzugang meint zweierlei: Strukturwissen über das System (also funktionale Modelle, Wirkzusammenhänge, Topologien) und Zugriff auf systemische Reaktionen (also Messwerte, Verläufe, Störungen). Liegen beide vor, ist CE sofort operativ. Fehlen sie, beginnt die Einschränkung.

Beispiel: Wenn ein Motor nicht mehr läuft, keine historischen Daten vorliegen, Sensorik manipuliert oder entfernt wurde ist keine provozierbare Hypothese mehr prüfbar. Die Rekonstruierbarkeit endet. CE verliert nicht an Gültigkeit, aber an Anwendbarkeit.

Wichtig: Systemzugang ist kein Synonym für physische Erreichbarkeit. Auch Fernauslesung, Simulation, Materialprüfung, strukturmechanische Rückrechnung oder historische Logfiles gelten als gültige Zugänge, sofern sie vollständig, belastbar und im Kontext interpretierbar sind.[1]

Physikalische Durchführbarkeit hingegen setzt dem Ansatz konkrete Grenzen: CE darf Systeme nicht zerstören. Eine Provokation ist dann unzulässig, wenn sie das Bauteil schädigt oder Sicherheitsrisiken erzeugt. Ebenso kann CE keine Aussage treffen, wenn das System bereits irreversibel verändert wurde, etwa durch Totalzerstörung, Teileaustausch oder irreversible Modifikation.[2]

Darüber hinaus setzen wirtschaftliche und zeitliche Faktoren praktische Grenzen: Wenn eine reproduzierbare Reaktion nur alle drei Wochen auftritt oder ein Bauteil für den Test teuer zerstört werden müsste, bleibt CE zwar methodisch intakt, aber operativ blockiert.

---

[1] Baxter, P. & Jack, S. (2008). *Qualitative Case Study Methodology: Study Design and Implementation for Novice Researchers. The Qualitative Report, 13(4), 544-559.*
[2] Latour, B. & Woolgar, S. (1979). *Laboratory Life: The Construction of Scientific Facts. Princeton: Princeton University Press, S. 166-169.*

## 6.3 Menschliche Faktoren und Denkfehler

CE wird von Menschen angewendet. Und Menschen denken nicht neutral. Sie filtern, verzerren, werten und das oft unbewusst. Genau darin liegt die stille Gefahr: Der Fehler im Kopf.

Die größte Bedrohung für jede CE-Analyse ist nicht der Mangel an Daten. Sondern der Mangel an kritischer Distanz zur eigenen Hypothese. Wer sich in eine Idee verliebt, ignoriert die Widersprüche. Wer einem Muster traut, findet es überall. CE verlangt: Gegenteil denken, Gegenbeweise suchen, Systemlogik prüfen.

Typische kognitive Verzerrungen in der technischen Diagnostik:

- **Bestätigungsfehler (Confirmation Bias):** Nur das wird wahrgenommen, was die eigene Hypothese stärkt. Abweichendes wird ausgeblendet.[1]

- **Ankereffekt:** Die erste Information wirkt wie ein Magnet. Alles, was danach kommt, wird relativiert.[2]

- **Verfügbarkeitsheuristik:** Was man kennt oder kürzlich erlebt hat, erscheint wahrscheinlicher, auch wenn es das nicht ist.[3]

- **Vorzeitiger Abschluss:** Man legt sich zu früh fest. Weil man glaubt, genug gesehen zu haben.[4]

- **Überlegenheitsillusion:** „Das hab ich schon hundertmal gesehen." Und beim 101. Mal ist es doch etwas anderes.[5]

CE kontert diese Verzerrungen mit Struktur. Jede Hypothese wird dokumentiert. Jede Prüfung erfolgt nachvollziehbar. Kein Ergebnis darf ungeprüft akzeptiert werden.

Jason Maxham schreibt:

*„The biggest mistakes I made were always caused by assuming I already knew the answer. And the hardest part was admitting I didn't."*[6]

Doch auch das schützt nicht vollkommen. Denn CE ist kein Schutzschild, aber ein Denkrahmen. Und dieser Rahmen kann nur so stabil sein wie der, der ihn anwendet. Zeitdruck, Kostendruck, Kundenanspruch. All das verstärkt den Wunsch nach schnellen Lösungen. Doch CE ist keine Schnelldiagnose. Es ist eine Wahrheitssuche.

---

[1] *Springer Medizin (2021): Kognitive Verzerrungen in der ärztlichen Diagnostik, Online-Archiv.*
[2] *FU Berlin (2020): Kognitive Verzerrungen in softwaretechnischen Diagnoseprozessen, S. 14–18.*
[3] *Maxham, J.: The Art of Troubleshooting, 2025, S. 78–79.*
[4] *Quintessence Publishing (2020): Heuristische Fehlerquellen in der Diagnostik, Band 36.*
[5] *FHNW (2019): Bias und Risikoanalyse in technischen Systemen, Fachbereich Sicherheitsdiagnostik, S. 6–9.*
[6] *Maxham, J.: The Art of Troubleshooting, 2025, S. 126.*

## 6.4 Risiko der Scheindiagnostik trotz Methode

Die größte Gefahr ist nicht das Fehlen der Methode, sondern ihr falscher Einsatz. Wenn CE zur bloßen Fassade wird, wie beispielsweise formale Schritte ohne geistigen Gehalt, entsteht Scheindiagnostik: ein Bild von Methodik ohne deren Substanz.

Scheindiagnostik bedeutet: Die Struktur wird nachgeahmt, aber nicht mit Inhalt gefüllt. Es wird getestet, aber nicht geprüft. Es wird bestätigt, nicht widerlegt. Was als Diagnose erscheint, ist in Wahrheit ein performativer Akt, eine Verhaltenssimulation, keine Erkenntniserzeugung.

Typische Fehlerquellen:

- Hypothesen werden vorschnell ausgeschlossen, weil sie unbequem sind oder nicht zum Wunschbild passen. Vor allem, wenn du selbst die Hypothese so sexy findest, dass du ihr alles glaubst.

- Provokationen erfolgen selektiv ,um die bestehende Deutung zu stützen.

- Validierung wird ausgerufen, ohne dass alternative Einflüsse ausgeschlossen oder Reaktionen nachvollziehbar dokumentiert sind.

- Reparaturerfolge werden als Diagnosebeweis umgedeutet. Das ist
  ein klassischer Rückschaufehler. Aber täglich an der Tagesord-
  nung.

Daniel Kahneman bezeichnet dieses Verhalten als „System-1-Denken": schnelles, intuitives Schlussfolgern ohne strukturelle Tiefe.[1] Croskerry er-gänzt, dass diagnostische Sicherheit oft nur simuliert wird, weil das Bedürf-nis nach Abschluss stärker ist als die methodische Disziplin.[2]

In technischen Systemen führt dies, wie Leveson warnt, zu Pseudomodel-len, falsch gesetzten Grenzen und Ausblendung der Komplexität.[3] Beson-ders gefährlich wird es, wenn CE als „Legitimationsrahmen" dient: Man wendet die Methode an, um Recht zu behalten und nicht, um herauszufin-den, was stimmt.

DIN EN 60812 macht klar: Jede Annahme, jede Folgerung, jede Ableitung muss dokumentiert und verfolgbar sein.[4] Nur so wird aus Diagnose ein be-lastbarer Erkenntnisvorgang.

Dekker fordert deshalb eine Kultur, in der Irrtum nicht bestraft, sondern reflektiert wird.[5] Wer Angst hat, falsch zu liegen, prüft nicht mehr. Er insze-niert nur noch und CE wird zur Inszenierungsmethode.

Causal Extraction kann diese Risiken nicht eliminieren. Aber es schafft Transparenz. Denn jeder Schritt, der offen liegt, kann hinterfragt, angezwei-felt, korrigiert werden. Methodische Disziplin ist die einzige Brücke zwischen Annahme und Wirklichkeit.


Handlungsmaximen:
- Falsifikation statt Bestätigung (Popper-Prinzip)

- Blindanalysen durch unabhängige Gegenprüfung

- Dokumentationspflicht für jeden Schritt

- Fehlerkultur statt Schuldzuweisung

---

[1] *Kahneman, D. (2011): Thinking, Fast and Slow. Farrar, Straus and Giroux.*
[2] *Croskerry, P. (2003): The Importance of Cognitive Errors in Diagnosis. Academic Medicine, 78(8), 775–780. DOI: 10.1097/00001888-200308000-00003.*
[3] *Leveson, N. (2012): Engineering a Safer World. MIT Press.*
[4] *DIN EN 60812:2018: Analysetechniken für die Funktionssicherheit – FMEA. Deutsches Institut für Normung.*
[5] *Dekker, S. (2014): The Field Guide to Understanding 'Human Error'. CRC Press.*

## 6.5 Verantwortung heißt: Nicht lügen, auch nicht durch Weglassen

Diagnostik ist kein Ratespiel und keine Meinungsäußerung. Wer Ursachen benennt, greift in Entscheidungen ein: in Reparaturen, Investitionen, Gewährleistungen und manchmal in sicherheitsrelevante Zusammenhänge. CE ist kein bloßes Prüfverfahren. Es erzeugt Realität. Wer es anwendet, beeinflusst.

Deshalb braucht jede CE-Analyse ein ethisches Fundament. Es beginnt nicht mit Moral, aber mit Klarheit. Was ist bewiesen? Was wird vermutet? Was ist offen? Wer das nicht sauber trennt, hat kein Erkenntnisinteresse, sondern verfolgt ein Ergebnisinteresse.

Ein Fehler, den man nicht beweisen kann, darf nicht als Fakt dargestellt werden. Auch wenn er plausibel ist. Auch wenn alle nicken. Auch wenn der Kunde ungeduldig wartet. Eine Hypothese wird nicht zur Wahrheit, nur weil sie gut klingt.

Und wenn eine Validierung nicht durchführbar ist, weil das System zerstört, gesperrt oder wirtschaftlich untestbar ist, dann muss das als methodische Grenze dokumentiert werden. Nicht als Ausrede. Sondern als Teil des Befundes.

Die internationale Norm IEC 61508 schreibt vor, dass in sicherheitsrelevanten Systemen alle Annahmen, Unsicherheiten und Bewertungsgrenzen dokumentiert werden müssen.[1] Die DIN EN ISO/IEC 17020 verlangt das

Gleiche für technische Gutachten: Nachvollziehbarkeit, Transparenz, Unparteilichkeit.[2]

Der Deutsche Ethikrat formuliert es so: Technische Verfahren erzeugen Folgen und wo Folgen entstehen, beginnt Verantwortung.[3]

Hans Jonas schrieb: „Handle so, dass die Wirkungen deiner Handlung verträglich sind mit der Permanenz echten menschlichen Lebens."[4] Das klingt groß. Aber auf technische Diagnostik angewendet, heißt das: *Benenn nur, was du belegen kannst. Und sag klar, wo du es nicht kannst.*

CE ist kein Automatismus. Es ist ein Werkzeug für Menschen mit Urteilsfähigkeit. Und genau deshalb verpflichtet es zur Redlichkeit. Das bedeutet auch: Unsicherheiten nicht beschönigen. Annahmen nicht verschweigen. Hypothesen nicht als Gewissheiten verkaufen.

Popper hat es wissenschaftstheoretisch formuliert: Erkenntnis lebt vom Unterschied zwischen dem, was ist und dem, was als Prüfbehauptung im Raum steht.[5] Wer diesen Unterschied aufgibt, hat kein Diagnoseverfahren. Sondern einen Rechtfertigungsapparat.

Auch die DFG-Leitlinien zur guten wissenschaftlichen Praxis verpflichten dazu: Ehrlichkeit, Trennschärfe, Revisionsfähigkeit.[6] Technikdiagnostik ist Wissenschaft im Maschinenraum. Und muss sich daran messen lassen.

---

[1] *IEC 61508: Funktionale Sicherheit – Anforderungen an sicherheitsbezogene Systeme, 2. Aufl., Genf: IEC, 2010.*
[2] *DIN EN ISO/IEC 17020:2012: Konformitätsbewertung – Anforderungen an Inspektionsstellen.*
[3] *Deutscher Ethikrat (2020): Technik und Ethik – Herausforderungen und Perspektiven. Berlin: Ethikrat.*
[4] *Jonas, H. (1979): Das Prinzip Verantwortung. Frankfurt: Suhrkamp.*
[5] *Popper, K. (1959): Die Logik der wissenschaftlichen Entdeckung. Tübingen: Mohr Siebeck.*
[6] *DFG (2019): Leitlinien zur Sicherung guter wissenschaftlicher Praxis. Bonn: Deutsche Forschungsgemeinschaft.*

# Kapitel 7 - Causal Extraction weitergedacht: Anwendung, Lehre, Strukturwandel

## 7.1 CE als Denkmodell - jenseits der Werkbank

Sein Aufbau, Hypothesenbildung, gezielte Provokation, empirische Prüfung und Validierung, spiegelt die Grundstruktur wissenschaftlichen Arbeitens wider. CE folgt keinem industriellen Trend, sondern einem erkenntnistheoretischen Prinzip: Ursache statt Oberfläche. Prüfung statt Behauptung.

1. Wissenschaftliches Fundament

Die Hypothesenlogik von Karl Popper bildet das methodische Rückgrat von CE: Eine Aussage ist nur dann erkenntnistheoretisch relevant, wenn sie falsifizierbar ist[1]. Wer Ursachen benennt, muss Gegenbeweise zulassen, ansonsten bleibt er im Glaubenssystem.

Auch Deborah Mayo betont: Erkenntnis entsteht nicht durch bloße Übereinstimmung, sondern durch strenge Tests, die eine These in Gefahr bringen[2]. CE ist systematisch, kontrolliert, reproduzierbar.

2. Übertragbarkeit in andere Disziplinen

CE lässt sich dort anwenden, wo Ursache-Wirkungsketten rekonstruierbar sind. Beispiele:

- **Medizin:** Differenzialdiagnostik - Symptome sammeln, Hypothesen testen, Ursache validieren[3].

- **IT:** Root Cause Analysis - Nicht Fehler kaschieren, sondern Kausalpfade zurückverfolgen[4].

- **Organisationsentwicklung:** Systemische Intervention - Dynamiken erkennen, Eingriffe gezielt setzen[5].

- **Luftfahrt:** Unfalluntersuchungen nach dem CE-Prinzip - Daten, Hypothese, Beweis.

- **Produktionslogistik:** Prozessabweichungen nachvollziehbar erklären - CE trifft FMEA.

3. Interdisziplinärer Zusammenhang

Donella Meadows beschreibt Systeme als kausale Rückkopplungsnetze[6]. Genau hier wirkt CE: Es strukturiert den Zugriff auf Komplexität. Durch Hypothesenbildung wird das Unübersichtliche greifbar, durch Provokation das Starre testbar. CE operationalisiert Systemdenken.

Auch Peter Senge zeigt: Lernen in Organisationen entsteht, wenn Denkstrukturen Ursachen erkennen und nicht nur Symptome[7].

4. Grenzen und Voraussetzungen

CE funktioniert nicht überall denn es braucht:

- **Transparenz:** Systeme müssen beobachtbar sein.

- **Kausalstruktur:** Die Wirkung muss auf Ursachen zurückführbar sein.

- **Dokumentation:** Sonst bleibt Erkenntnis bloß Annahme.

- **Komplexitätskompetenz:** Je verwobener das System, desto nötiger ist Struktur.

5. Auf den Punkt

CE ist keine Werkstatttechnik. Es ist ein universelles Muster kausaler Klärung. Wer CE anwendet, denkt systemisch. Und wer es versteht, kann Ursachen jenseits der Technik aufdecken.

---

[1] *Popper, K. (1959): Die Logik der wissenschaftlichen Entdeckung. Routledge.*
[2] *Mayo, D. G. (2018): Statistical Inference as Severe Testing. Cambridge University Press.*
[3] *Graber, M. L. (2013): Die Häufigkeit von Diagnosefehlern in der Medizin. BMJ*

*Qualität & Sicherheit, 22(Suppl 2), ii21–ii27.*
[4] *Roesch, M. (2002): Ursachenanalyse in IT-Umgebungen. IBM Systems Journal, 41(3), 554–569.*
[5] *Senge, P. M. (1990): Die fünfte Disziplin. Doubleday.*
[6] *Meadows, D. H. (2008): Denken in Systemen. Chelsea Green Publishing.*
[7] *Leveson, N. (2012): Engineering a Safer World. MIT Press.*

## 7.2 CE unterrichten - aber richtig

Denkmodelle wie dies, kann man vermitteln. Wer CE versteht, versteht nicht nur Technik. Er versteht, wie man Fragen stellt, ohne sich selbst zu betrügen.

CE lässt sich lehren. Und zwar auf jedem Niveau:

- In der **Berufsschule**: als strukturierte Fehleranalyse.

- In der **Technikerweiterbildung**: als methodisches Werkzeug zur Ursachenbegründung.

- In der **Hochschule**: als wissenschaftlich fundiertes Diagnosesystem im Spannungsfeld zwischen Technik, Empirie und Logik.

Formate für die Lehre

Was funktioniert? → Fallnähe. Was denkbar ist:

- **CE-Falltrainings** mit realen Werkstattdokumentationen.

- **Standardisierte Prüfblätter** zur Hypothesenbildung, Testauswertung und Validierung.

- **CE-Matrixposter** in Werkstätten und Schulungsräumen.

- **Simulationstrainings** mit provozierten Fehlerbildern und Echtzeit-Diagnose.

- **Digitale Lernplattformen** mit interaktiven Fallbeurteilungen.

CE ist ein Übungsformat. Man kann damit arbeiten, prüfen, durchfallen und lernen.

Zertifizierbare Kompetenz

Wie bei Six Sigma oder ITIL lässt sich CE in Stufen unterrichten:

- **CE-Level 1**: Basiskompetenz in Denkstruktur und Anwendung

- **CE-Level 2**: Fallanalyse, Protokolltechnik, Falsifikation

- **CE-Level 3**: Systemisches Auditieren, Coaching, Gutachtenerstellung

Nicht jeder braucht Level 3. Aber jeder, der technische Verantwortung trägt, sollte mindestens Level 1 haben.

Denn CE ist die Basis. Ohne Denken gibt es keine Diagnose. Und ohne Methode keinen Beweis.


## 7.3 CE in der Praxis - mehr als nur Werkstatt

Wer CE einmal verstanden hat, erkennt: Das ist kein Werkstattformat. Das ist ein Entscheidungsinstrument für jede Lage, in der Ursachen wichtig sind.

Anwendungen in der Industrie

CE wird relevant, wo Technik versagt, aber niemand weiß, warum. Besonders dort, wo aus Fehlern Konsequenzen entstehen:

- **OEMs** mit Serienrückläufern, Reklamationen oder unerklärten Systemverhalten

- **Gutachter und Sachverständige**, die Ursachen nicht nur benennen, sondern auch beweisen müssen

- **Versicherer**, die zwischen Folgeschaden und Fremdeinwirkung unterscheiden müssen

- **Instandhaltung**, die nicht tauschen, sondern verstehen will

- **Behörden**, wenn es um Nachvollziehbarkeit bei Freigaben oder Produktsicherheit geht

CE ersetzt dabei kein bestehendes Verfahren, aber es schiebt sich dazwischen: zwischen die Spekulation und den Nachweis.

Beratungsformate

Wer systemische Ursachen klären kann, kann beraten:

- **CE-Audits**: systematische Schwachstellenanalyse in Technik und Organisation

- **Ursachenworkshops**: mit Produktions- und QS-Teams, vor Ort oder remote

- **CE-Schulungen**: für Projektleiter, Entwickler, Fertigungssteuerer

- **Remote-Fallbeurteilung**: Aktenlage, Datenlage, Diagnoselogik

Was CE dabei von anderen Beratungsformaten unterscheidet: Es folgt einer Struktur.

Die Voraussetzung: sauberer Rahmen, nachvollziehbares Vorgehen, klarer Dokumentationsstandard. Denn CE ist keine Suggestionstechnik. Es ist ein Diagnoseprotokoll mit Haltung.

## 7.4 CE in Forschung, Normierung und Systementwicklung

Causal Extraction ist ein methodischer Rahmen für Forschung, Normung und Entwicklung. CE liefert Struktur, wo Kausalität gebraucht, aber nicht immer belegt wird. Und es tut das nicht durch Rhetorik, sondern durch Prüfung.

## 1. Systemisches Denken als Grundlage

CE fördert systemisches Denken: Es zwingt dazu, Ursache-Wirkungsketten sichtbar zu machen *und das unabhängig vom Fachgebiet*. Statt nur Symptome zu beschreiben, analysiert CE, was sie erzeugt hat - und prüft, ob diese Ursache testbar und reproduzierbar ist.

Donella Meadows hat es auf den Punkt gebracht: Jedes komplexe System, sei es technisch, biologisch, sozial, basiert auf Rückkopplungen, Dynamiken und Verzögerungen. Wer darin handeln will, braucht Struktur[1].

## 2. Forschung: Hypothesen, Tests, Beweis

In der technischen und interdisziplinären Forschung ist CE ein präzises Werkzeug. Es trennt:

- Hypothese

- Provokation (Experiment)

- Validierung

Popper forderte diese Trennung als wissenschaftliche Mindestanforderung[2]. Mayo ergänzte: Nur wer versucht, seine Hypothese ernsthaft zu widerlegen, kann behaupten, sie zu kennen[3].

CE operationalisiert diese Forderung in physikalischen, digitalen und mechatronischen Forschungsumgebungen. Besonders dort, wo Daten nicht fehlen, sondern die Logik.

## 3. Normierung: Vom Prüfwert zur Prozesslogik

Technische Normen wie **DIN EN 60812** (FMEA) oder **ISO 9001** verlangen zunehmend nachvollziehbare Prozesse. Es reicht nicht mehr, dass ein Prüfwert stimmt. Es muss erklärbar sein, wie dieser Zustand erreicht wurde.

Ein CE-Protokoll zur Ursachenvalidierung würde:

- Diagnosewege dokumentieren

- Fehlerbeweise strukturieren

- Methodenschritte rückverfolgbar machen

Leveson zeigt: Sicherheit entsteht nicht durch Kontrolle, sondern durch Verstehen[4]. Genau hier liefert CE einen methodischen Mehrwert jenseits von Formblattlogik.

## 4. Systementwicklung: Fehler vermeiden, bevor sie auftreten

In der Entwicklung wirkt CE präventiv:
- Denkbare Fehlerquellen werden vorab modelliert

- Provozierbarkeit fließt in das Design ein

- Validierungskriterien werden in die Spezifikation eingebaut

CE verschärft FMEA und FTA. Während andere markieren, was passieren *könnte*, fragt CE: *Wie würdest du es beweisen?*

Damit wird CE zur Grundlage robuster Systeme, weil es bereits im Entwurf Denkfehler sichtbar macht.

## 5. Schnittstelle: Diagnose ↔ Entwicklung ↔ QS ↔ Dokumentation

CE ist kein isoliertes Tool. Es verbindet:
- **Diagnose**: systematische Ursachenanalyse

- **Entwicklung**: strukturiertes Vorausdenken

- **Qualitätssicherung**: standardisierbare Prüfmethodik

- **Dokumentation**: revisionssichere Nachvollziehbarkeit

Das entspricht dem CIP-Prinzip (Continuous Improvement Process). Dies ist bekannt aus ISO 9001, aber in CE mit Leben gefüllt.

Deming nannte das: *Plan - Do - Check - Act*[5]. CE ist das „Check" in echter Schärfe.

[1] Meadows, D. H. (2008): Denken in Systemen. Chelsea Green.
[2] Popper, K. (1959): Die Logik der wissenschaftlichen Entdeckung. Routledge.
[3] Mayo, D. G. (2018): Statistical Inference as Severe Testing. Cambridge University Press.
[4] Leveson, N. (2012): Engineering a Safer World. MIT Press.
[5] Deming, W. E. (1986): Raus aus der Krise. MIT Press.
[6] DIN EN 60812:2018: Analysetechniken für die Funktionssicherheit – FMEA. Deutsches Institut für Normung.
[7] ISO 9001:2015: Qualitätsmanagementsysteme – Anforderungen. International Organization for Standardization.
[8] IEC 61508:2010: Funktionale Sicherheit sicherheitsbezogener elektrischer/elektronischer/programmierbarer elektronischer Systeme.
[9] Stamatis, D. H. (2003): Fehlermöglichkeits- und Einflussanalyse: FMEA von der Theorie bis zur Ausführung. ASQ Quality Press.


## 7.5 Weiterdenken statt dogmatisieren - CE als lernfähiges System

Dies System ist ein System in Bewegung, offen, anpassbar und entwicklungsfähig. Seine Stärke liegt nicht in Starrheit, sondern in Struktur. Was gleich bleibt, ist das Gerüst: Symptomerfassung, Hypothese, Provokation, Indizien, Validierung. Alles andere: formbar.

### I.    CE als offene Architektur

In einer Welt voller Veränderung muss auch Diagnose lernfähig sein. CE lebt vom Prinzip der kontinuierlichen Verbesserung und durch schärfere Logik. Wer Deming gelesen hat, weiß: Qualität entsteht nicht durch Kontrolle, sondern durch Lernen[1]. CE greift dieses Prinzip methodisch auf.

Auch Senge hat es benannt: Lernende Organisationen brauchen strukturierte Reflexion[2]. CE ist genau ein Reflexionsinstrument für technische Zusammenhänge.

### II.    Technologische Entwicklung und Integration

a) Digitale Zwillinge

Hypothetische Fehlerbilder lassen sich simulieren, bevor reale Systeme versagen. CE-kompatible Simulationsplattformen machen Ursache-Wirkungsketten sichtbar, testbar, dokumentierbar[3].

b) Physikalisch gestützte KI

Nicht jede KI ist Blackbox. Es entstehen Systeme, die Hypothesen generieren und nicht ersetzen, sondern vorschlagen. Mit physikalischer Rückbindung statt Datenglaube[4].

c) Digitale Serviceplattformen

CE kann als Denkstruktur in Instandhaltungs- und Diagnosetools integriert werden und nicht zur Automatisierung, sondern als Entscheidungsunterstützung[5].

d) Fallbibliotheken und Wissensdatenbanken

Was CE einmal gelöst hat, kann systematisch dokumentiert werden: Für Schulung, Qualitätssicherung, Rückverfolgbarkeit[6].

## III.    Kultur vor Technologie

Die größte Zukunftsperspektive liegt im Kopf: CE fördert eine Haltung und heißt: prüfen, nicht glauben. Belegen, nicht behaupten. Ursachen suchen, nicht Symptome verwalten.

Das ist Wissenschaftsethik im Maschinenraum. Die DFG nennt das: gute wissenschaftliche Praxis[7]. Popper nannte es: kritischer Rationalismus[8].

Keine Ideologie

CE ist ein Werkzeug. Kein Glaube. Es darf nie das einzige Verfahren sein, sondern muss sich ständig selbst hinterfragen. Dekker warnt zurecht: Methodenversessenheit führt zum Irrtum[9]. CE lebt, solange es offen bleibt.

„Wer die Diagnose im Griff hat, hat den ganzen Auftrag im Griff.“
*Christian Ossowski, Begründer von Causal Extraction*

[1] *Deming, W. E. (1986): Raus aus der Krise. MIT Press.*
[2] *Senge, P. M. (1990): Die fünfte Disziplin. Doubleday.*
[3] *Tao, F. et al. (2019): Digitaler Zwilling in der Industrie. IEEE Transactions on Industrial Informatics, 15(4), 2405–2415.*
[4] *Karniadakis, G. E. et al. (2021): Physikgestütztes maschinelles Lernen. Nature Reviews Physics, 3, 422–440.*
[5] *Porter, M. E. & Heppelmann, J. E. (2015): Wie smarte Produkte Unternehmen verändern. Harvard Business Review, 93(10), 96–114.*
[6] *Nonaka, I. & Takeuchi, H. (1995): Das wissensschaffende Unternehmen. Oxford University Press.*
[7] *DFG (2019): Leitlinien zur Sicherung guter wissenschaftlicher Praxis. Deutsche Forschungsgemeinschaft.*
[8] *Popper, K. (1959): Die Logik der wissenschaftlichen Entdeckung. Routledge.*
[9] *Dekker, S. (2014): The Field Guide to Understanding 'Human Error'. CRC Press.*

## 8. Anhang

### Literaturverzeichnis

- Bacon, F. (1620): *Novum Organum*. London: William Rawley. (Moderne Ausg. bei Cambridge University Press).
ISBN: 978-1108007462

- Bloor, D. (1976): *Knowledge and Social Imagery*. London: Routledge.
ISBN: 978-0226060903

- Cartwright, N. (1989): *Nature's Capacities and Their Measurement*. Oxford: Clarendon Press.
ISBN: 978-0198235071

- DFG - Deutsche Forschungsgemeinschaft (2019): *Leitlinien zur Sicherung guter wissenschaftlicher Praxis*.
[Online abrufbar unter: https://wissenschaftliche-integritaet.de]

- Deming, W. E. (1986): *Raus aus der Krise*. Frankfurt: Campus Verlag, 1990.
ISBN: 978-3593346178

- Dekker, S. (2014): *The Field Guide to Understanding Human Error*. 3rd ed., Boca Raton: CRC Press.
ISBN: 978-1472439055

- Hume, D. (1748): *Eine Untersuchung über den menschlichen Verstand*. Hamburg: Meiner Verlag.
ISBN: 978-3787316023

- Karniadakis, G. E. et al. (2021): *Physikgestütztes maschinelles Lernen: Grundlagen und Anwendungen*.
In: *Nature Reviews Physics*, 3, S. 422-440. DOI: 10.1038/s42254-021-00314-5

- Latour, B.; Woolgar, S. (1979): *Laboratory Life: The Construction of Scientific Facts*. Princeton University Press.
  ISBN: 978-0691028323

- Mayo, D. G. (2018): *Statistical Inference as Severe Testing: How to Get Beyond the Statistics Wars*. Cambridge: Cambridge University Press.
  ISBN: 978-1107186144

- Mill, J. S. (1843): *A System of Logic*. London: Parker. (Reprint: Cambridge University Press, 2011).
  ISBN: 978-1108025886

- Nonaka, I.; Takeuchi, H. (1995): *Das wissensschaffende Unternehmen*. Oxford University Press.
  ISBN: 978-3423340026

- Pearl, J. (2009): *Causality: Models, Reasoning and Inference*. 2nd ed., Cambridge: Cambridge University Press.
  ISBN: 978-0521895606

- Popper, K. R. (1959): *Die Logik der Forschung*. Tübingen: Mohr Siebeck.
  ISBN: 978-3161484100

- Porter, M. E.; Heppelmann, J. E. (2015): *Wie smarte Produkte Unternehmen verändern*. In: *Harvard Business Review*, 93(10), S. 96-114.

- Senge, P. M. (1990): *Die fünfte Disziplin: Kunst und Praxis der lernenden Organisation*. Stuttgart: Klett-Cotta.
  ISBN: 978-3608943166

- Tao, F. et al. (2019): *Digitaler Zwilling in der Industrie*. In: *IEEE Transactions on Industrial Informatics*, 15(4), S. 2405-2415.
  DOI: 10.1109/TII.2019.2903981

- Taleb, N. N. (2007): *The Black Swan: The Impact of the Highly Improbable*. New York: Random House.
  ISBN: 978-1400063512

- Wöhler, A. (1858): *Versuche über die Festigkeit von Eisen und Stahl bei wiederholter Beanspruchung.*
  In: *Zeitschrift für Bauwesen*, 8, S. 653-673. (Zitiert als Ursprung der Dauerfestigkeit).

- Maxham, J. (2013-2021): *The Art of Troubleshooting.* [Online verfügbar unter: https://artoftroubleshooting.com]
  Zitiert in verschiedenen Abschnitten als praxisnahes Denkmodell zur strukturierten Fehlersuche

# Normenverzeichnis

**DIN EN 60812:2018**

Titel: *Fehlermöglichkeits- und Einflussanalyse (FMEA) - Verfahren zur Zuverlässigkeitsanalyse*

Status: gültige Europäische Norm

Bezug: CE nutzt FMEA als Basisstruktur, ersetzt jedoch deren hypothetische Schwachstellenanalyse durch realitätsbasierte Provokation und Validierung

**DIN EN ISO 9001:2015**

Titel: *Qualitätsmanagementsysteme - Anforderungen*

Status: Internationale Norm (ISO) in europäischer Übernahme

Bezug: CE erfüllt die in ISO 9001 geforderte Prozesslogik, Dokumentation und Rückverfolgbarkeit und dient als „Check"-Element im PDCA-Zyklus

**DIN EN ISO/IEC 17020:2012**

Titel: *Konformitätsbewertung - Anforderungen an den Betrieb verschiedener Typen von Stellen, die Inspektionen durchführen*

Bezug: CE folgt deren Grundsätzen zur Unparteilichkeit, Nachvollziehbarkeit und strukturierten Befunderhebung im Rahmen technischer Diagnostik

**IEC 61508:2010**

Titel: *Funktionale Sicherheit sicherheitsbezogener elektrischer/elektronischer/programmierbarer elektronischer Systeme*

Status: Internationale Norm

Bezug: CE wird als denklogische Ergänzung empfohlen, insbesondere zur Ermittlung kausaler Fehlerquellen vor sicherheitsrelevanten Systemfreigaben

# Abkürzungsverzeichnis

| Abkür-zung | Langform | Erläuterung / Kontext |
| --- | --- | --- |
| AI | Artificial Intelligence | Wird im Ausblick auf mögliche Hypothesengenerierung genannt (nicht zur Diagnostik selbst). |
| BHKW | Blockheizkraftwerk | Anwendungsfeld für CE in der Praxis . |
| CAN | Controller Area Network | Fehlerbild bei Kontaktproblemen, Sensordrift, EMV-Störung. |
| CE | Causal Extraction | Zentrale Methodik zur differenzialdiagnostischen Ursachenanalyse. |
| CIP | Continuous Improvement Process | CE wird als Beitrag zu kontinuierlicher Verbesserung referenziert. |
| DIN | Deutsches Institut für Normung | Zitiert in Bezug auf z. B. FMEA (DIN EN 60812). |
| DOI | Digital Object Identifier | Wird im Literaturverzeichnis für wissenschaftliche Quellen verwendet. |
| ECU | Electronic Control Unit | Fehlerursachen in Steuergeräten (z. B. Signalversatz, CAN-Probleme). |
| EMV | Elektromagnetische Verträglichkeit | Einflussfaktor bei Spannungsdrift, Massefehlern. |
| FMEA | Failure Mode and Effects Analysis | Verglichene Methodik, wird in CE durch belastbare Testlogik ersetzt. |
| IEC | International Electrotechnical Commission | Normgeber (z. B. IEC 61508 - funktionale Sicherheit). |

| ISO | International Organization for Standardization | Normgeber (z. B. ISO 9001 - Qualitätsmanagement). |
|---|---|---|
| **OBD** | On-Board-Diagnose | Von CE als symptomorientiert und unzureichend kritisiert. |
| **OEM** | Original Equipment Manufacturer | Typische Konfrontationslinie in der Praxisanwendung von CE. |
| **OT** | Oberer Totpunkt | Referenz bei thermodynamischen und mechanischen Motorauswertungen. |
| **PDCA** | Plan-Do-Check-Act | CE liefert strukturierten Beitrag im „Check"-Element. |
| **Re** | Reynolds-Zahl | CE-relevanter Parameter bei strömungsbasierten Fehleranalysen. |
| **VDI** | Verein Deutscher Ingenieure | Fachlicher Kontext für Normierung und Publikation. |

Deduktion

→ Wenn Logik den Hammer schwingt.

Technischer Hintergrund: Schlussfolgerung vom Allgemeinen aufs Besondere. Wird in CE kombiniert mit realer Systemprovokation.

Typisches Fehlerbild: Theorie passt, aber die reale Reaktion widerspricht. Falsche Prämisse erkannt.

**Falsifikation**

→ Die Kunst, Fehler zu erzwingen.

Technischer Hintergrund: Hypothesenprüfung durch gezielten Gegenbeweis (nach Popper). CE erweitert das Prinzip durch Verifikation unter Last. Typisches Fehlerbild: Diagnosehypothese übersteht Simulation, fällt aber im realen System.

**Fehlerspeicher**

→ Der Lügner mit Erinnerungslücke.

Technischer Hintergrund: Elektronischer Speicher von Symptomeinträgen. Liefert keine Ursachen, nur Reaktionen.

Typisches Fehlerbild: Code „Zylinder 3 Fehlzündung" Ursache liegt aber im Sensor für Kurbelwinkel.

**Hypothese**

→ Der Täter auf Verdacht.

Technischer Hintergrund: Plausible Ursache, abgeleitet aus Symptomen, aber noch unbewiesen. Muss in CE provozierbar und falsifizierbar sein. Typisches Fehlerbild: Hypothese bleibt ungetestet. Fehlerursache wird verfehlt.

### Induktion

→ Mustererkennung mit eingebauter Täuschung.

Technischer Hintergrund: Von Einzelfällen auf Regeln schließen. Nützlich zur Hypothesenbildung, aber logisch unsicher.

Typisches Fehlerbild: „War letztes Mal die Lambdasonde, wird's wohl wieder sein." Irrtum garantiert.

### Kausalität

→ Wenn Wirkung nicht zufällig ist.

Technischer Hintergrund: CE verlangt eine zwingende Ursache-Wirkungs-Kette, kein „könnte sein".

Typisches Fehlerbild: OBD-Code vorhanden, aber keine systemische Rückreaktion und somit kein Beweis.

### Masseversatz

→ Wenn die Masseleitung eigene Pläne hat.

Technischer Hintergrund: Unterschiedliche Potenziale zwischen Massepunkten -> verursacht Drift, Störungen, Aussetzer.

Typisches Fehlerbild: Sensor liefert „korrekte" Werte, aber auf verschobenem Niveau.

### OBD

→ Der Papagei im Steuergerät.

Technischer Hintergrund: On-Board-Diagnose, erkennt Symptome, keine Ursachen. CE verwendet OBD nur als Startpunkt.

Typisches Fehlerbild: Werkstatt folgt blind dem Code: falscher Tausch, Fehler bleibt.

### Provokation

→ Wenn das System die Wahrheit ausspuckt.

Technischer Hintergrund: CE zwingt Hypothesen unter realen Bedingungen zur Reaktion, mechanisch, thermisch, elektrisch oder logisch.

Typisches Fehlerbild: Keine Provokation, keine Reaktion, keine Beweisführung.

**Validierung**

→ Der Endgegner jeder Hypothese.

Technischer Hintergrund: Rückbestätigung im Betriebszustand. Reicht von realer Systemreaktion bis zur Simulation unter Praxislast. Typisches Fehlerbild: Validierung nicht durchführbar. CE verweigert finale Aussage.

# Methodischer Anhang von Causal Extraction (CE)

## 1. CE-Denkmatrix - Übersicht der sechs Leitlinien

| Leitlinie | Zweck | Anwendung |
| --- | --- | --- |
| **Symptome erfassen** | Systemverhalten objektiv dokumentieren | Ohne Vorauswahl oder Interpretation |
| **Werkstattdialektik** | Wahrnehmungsverzerrung durch Kunden enttarnen | Aussagen gelten als Hypothesen |
| **Hypothesenbildung** | Mögliche Ursachen systematisch aufstellen | Plausibel, logisch, technisch möglich |
| **Provokation** | Hypothesen durch Belastung testen | Mechanisch, thermisch, elektrisch oder logisch |
| **Detailanalyse** | Indizien identifizieren, die auf Primärursache hindeuten | Kleine Hinweise, Oszillogramme, thermische Muster |
| **Validierung** | Rückbestätigung der Ursache im Betrieb oder Simulation | Wenn nicht möglich: klar dokumentieren |

## 2. CE-Flussdiagramm - Von der Wirkung zur Ursache

Symptom → Hypothesen → gezielte Provokation

↓ ↓ ↓

Sensorwert  Ursachenkette  Systemreaktion

↓ ↓ ↓

Verifikation unter Last → Validierung → NachweisCE zwingt jede Hypothese zur Reaktion, ohne Beweis keine Ursache.

## 4. CE-Checkliste - Fallprüfung vor Abschluss

- Symptome vollständig und real erfasst (keine Codes allein)?

- Kundenaussage dokumentiert, aber nicht als Fakt übernommen?

- Hypothesen logisch aus dem System ableitbar?

- Provokation durchgeführt und dokumentiert?

- Reaktion eindeutig zuordenbar?

- Validierung im Betriebszustand erfolgt oder Ausfall begründet?

- Primärursache benannt, Begleitfehler ausgeschlossen?

Wenn eine dieser Fragen mit "nein" beantwortet werden muss, ist der CE-Fall nicht abgeschlossen.

### ▓ Ausblick

Wer dieses Buch bis hier gelesen hat, hat nicht nur eine Methode verstanden – sondern den Grundstein gelegt, jeden Motorschaden mit wissenschaftlicher Präzision zu entlarven.

Doch Theorie ist nichts ohne Praxis.

Genau hier setzt das nächste Buch an:

### Diagnose-Mord
#### Wer rät, tötet.

der erste echte Praxisguide für Causal Extraction.

Mit echten Fällen, kapitalen Schäden und der brutalen Wahrheit über Werkstatt-Fehldiagnosen. Fundiert. Rotzig. Unverzeihlich logisch.

Veröffentlichung: Sommer 2025
Titel: Diagnose-Mord – Wer rät, tötet.
Autor: Christian Ossowski

👉 Wenn dir die CE-Abhandlung das Denken geschärft hat, wird Diagnose-Mord dir zeigen, wie man es im echten Motorleben zur Waffe macht.